Roberto Llorens Rodríguez
José Manuel Navarro Jover
Marina Gascón Martínez
Mariano Alcañiz Raya

Ejercicios de técnicas gráficas para ingeniería biomédica

edUPV

Universitat Politècnica de València

Colección *Académica* http://tiny.cc/edUPV_aca

Para referenciar esta publicación utilice la siguiente cita:
Llorens Rodríguez, Roberto; Navarro Jover, José Manuel; Gascón Martínez, Marina; Alcañiz Raya, Mariano (2024). *Ejercicios de técnicas gráficas para ingeniería biomédica*. edUPV

© 2024, edUPV (Editorial Universitat Politècnica de València)
  Venta: www.lalibreria.upv.es / Ref.: 0323_05_01_02

ISBN: 978-84-1396-290-0
Depósito legal: V-3859-2024

Imprime: Byprint Percom, S. L.

Si el lector detecta algún error en el libro o bien quiere contactar con los autores, puede enviar un correo a edicion@editorial.upv.es

edUPV se compromete con la ecoimpresión y utiliza papeles de proveedores que cumplen con los estándares de sostenibilidad medioambiental https://editorialupv.webs.upv.es/compromiso-medioambiental/

Impreso en España

Índice

Presentación

Este libro es una herramienta diseñada para complementar y reforzar el aprendizaje en el ámbito de la representación gráfica, fundamental para el desarrollo de soluciones en la ingeniería biomédica. Ha sido cuidadosamente elaborado para guiarte paso a paso en la comprensión y dominio de las técnicas más utilizadas en el campo de la ingeniería para la representación precisa y normalizada de piezas, así como en la creación y edición de objetos en tres dimensiones.

En la ingeniería biomédica, la habilidad de visualizar y comunicar ideas complejas a través de dibujos técnicos es crucial. La representación gráfica no sólo permite la correcta interpretación y fabricación de componentes, sino que también facilita la colaboración interdisciplinaria, esencial en proyectos donde convergen la ingeniería, la medicina y otras ciencias de la salud.

Este libro está dividido en tres secciones principales:

- *Ejercicios de aprendizaje de la herramienta de diseño*: En esta sección, los ejercicios están centrados en el manejo básico del software de diseño y en la familiarización con los comandos esenciales y el entorno de trabajo. Los ejercicios ponen en práctica la navegación por la interfaz, la manipulación objetos y la utilización de las herramientas fundamentales para crear y editar diseños en 2D.

- *Ejercicios de representación normalizada y acotación*: En esta sección se proporcionan ejercicios que permiten dominar la representación de piezas mediante sus vistas diédricas y cortes, así como la acotación de estas siguiendo normas internacionales. Estos ejercicios ayudan a desarrollar la capacidad de visualizar y plasmar en dos dimensiones piezas y objetos tridimensionales.

- *Ejercicios de creación y edición de objetos tridimensionales*: En esta sección, los ejercicios están destinados a la creación de objetos tridimensionales, utilizando software de diseño asistido por ordenador. Esta habilidad es particularmente relevante en la ingeniería biomédica, donde la precisión y la capacidad de modelar elementos complejos, como implantes o prótesis, son esenciales.

Cada capítulo de este libro presenta una serie de ejercicios prácticos que, progresivamente, permiten aplicar los conceptos teóricos aprendidos en clase. Con ellos, es posible no sólo consolidar los conocimientos, sino también desarrollar un enfoque crítico y meticuloso en la creación y revisión de diseños. El libro, por tanto, permite desarrollar la habilidad de visualizar, representar y acotar correctamente piezas en dos y tres dimensiones, de acuerdo con normas internacionales, además de aprender a crear y editar objetos tridimensionales mediante software de diseño asistido por ordenador. Al completar los ejercicios, se dominarán las técnicas de representación gráfica y modelado 3D, fundamentales para diseñar soluciones precisas en ingeniería biomédica, como implantes o prótesis. Además, se reforzará un enfoque crítico en la creación y revisión de diseños.

Para realizar los ejercicios, es necesario contar con conocimientos básicos en representación gráfica y diseño asistido por ordenador, así como estar familiarizado con los conceptos de ingeniería biomédica.

Te invitamos a abordar estos ejercicios con dedicación y curiosidad, explorando las múltiples formas en que las técnicas gráficas pueden transformar ideas abstractas en soluciones tangibles en el campo biomédico.

Los autores

1
Ejercicios de aprendizaje de la herramienta de diseño

Ejercicio 1

Completa en la tabla proporcionada las coordenadas cartesianas relativas de los puntos que definen el contorno de la siguiente figura y dibújala.

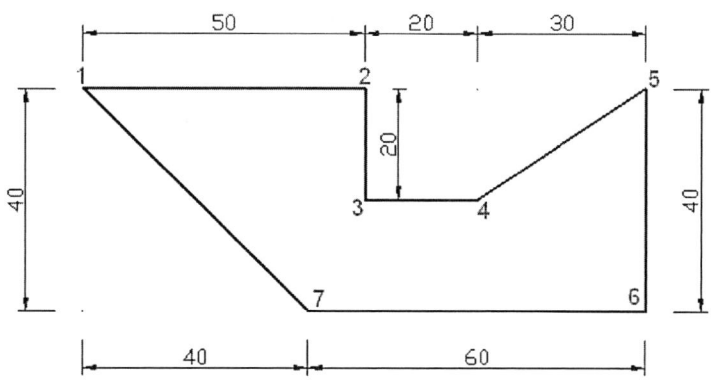

Punto 1	Un punto cualquiera	Punto 5	
Punto 2	@50,0	Punto 6	
Punto 3		Punto 7	
Punto 4			

Ejercicio 2

Completa en la tabla proporcionada las coordenadas cartesianas relativas de los puntos que definen el contorno de la siguiente figura y dibújala.

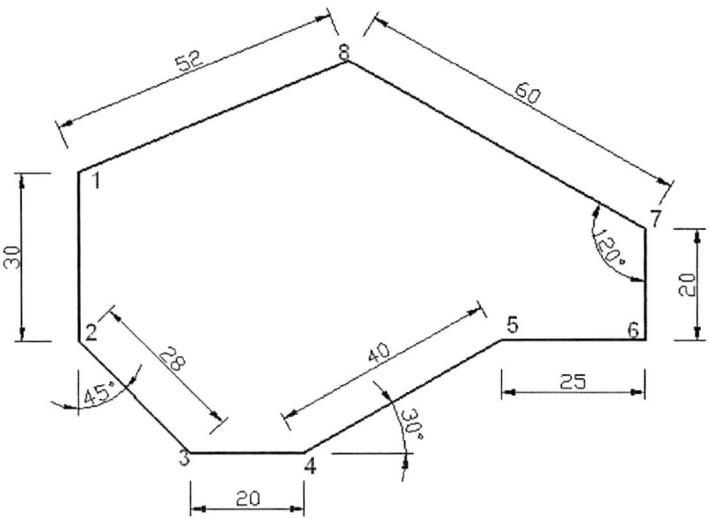

Punto 1	Un punto cualquiera
Punto 2	@30<-90
Punto 3	
Punto 4	
Punto 5	
Punto 6	
Punto 7	
Punto 8	

Ejercicio 3

Realiza el siguiente dibujo, sin incluir las cotas.

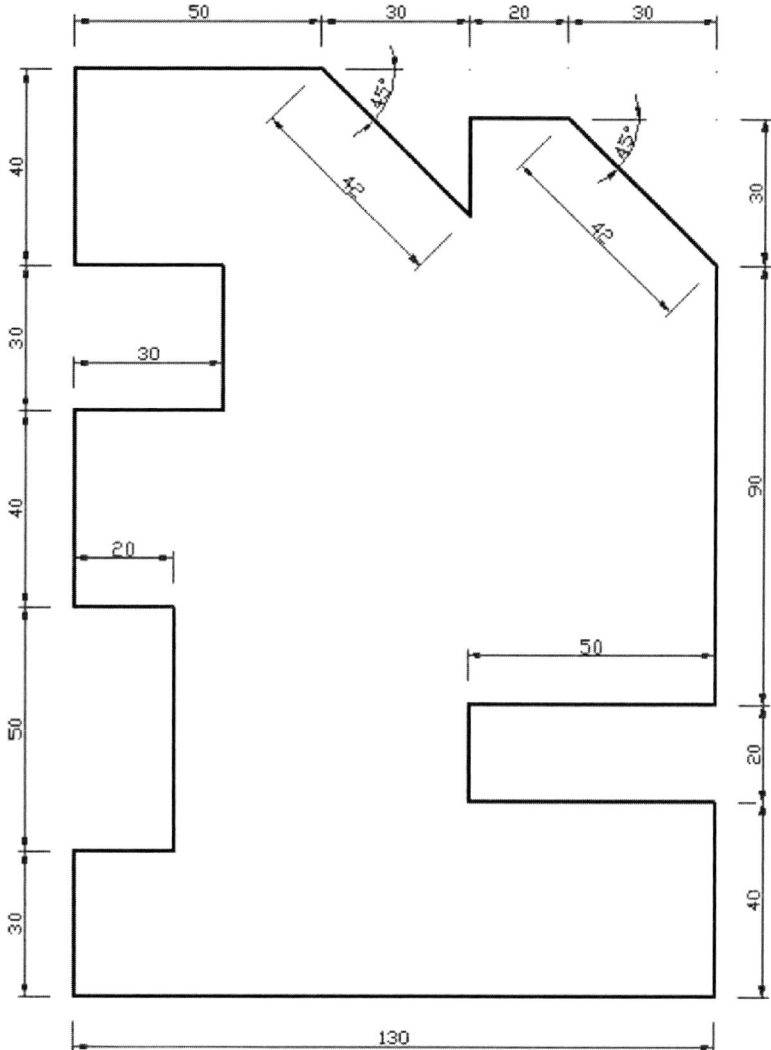

Ejercicio 4

Realiza el siguiente dibujo, sin incluir las cotas ni las líneas discontinuas.

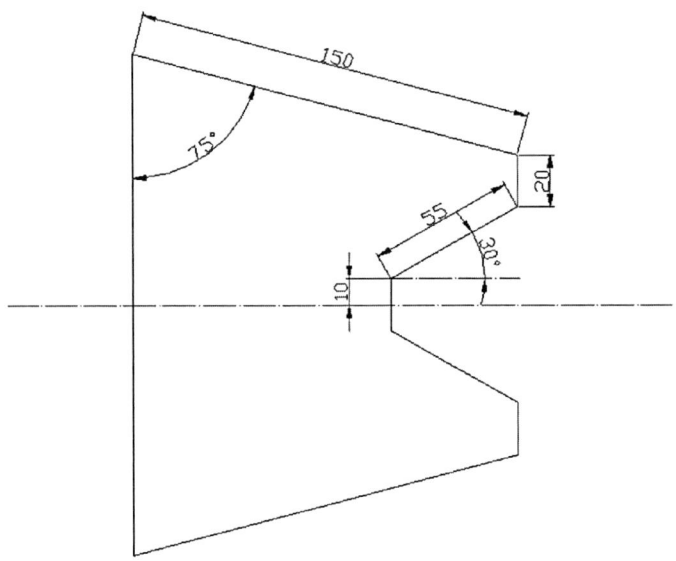

Ejercicio 5

Realiza el siguiente dibujo, sin incluir las cotas ni las líneas discontinuas.

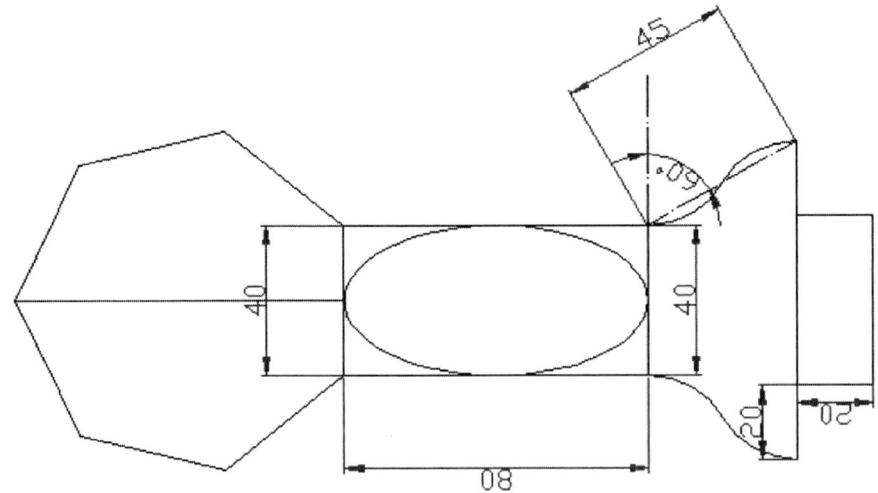

Ejercicio 6

Realiza el siguiente dibujo utilizando *referencias a objetos* (punto final, punto medio, intersección, tangente, centro, perpendicular, etc.).

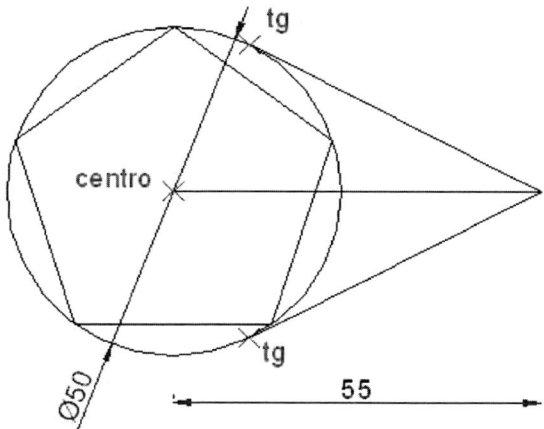

Ejercicio 7

Realiza el siguiente dibujo utilizando *referencias a objetos* (punto final, punto medio, intersección, tangente, centro, perpendicular, etc.).

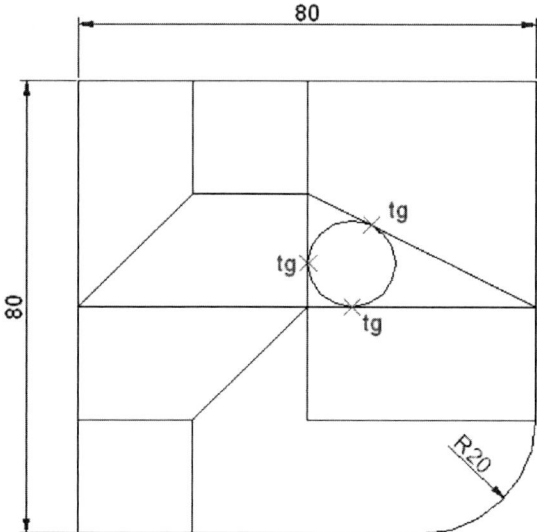

Ejercicio 8

Realiza el siguiente dibujo utilizando *referencias a objetos* (punto final, punto medio, intersección, tangente, centro, perpendicular, etc.).

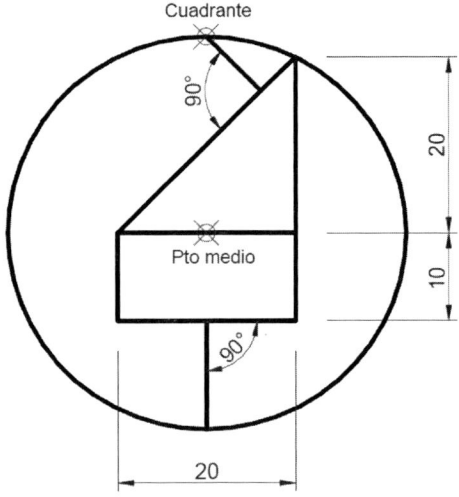

Ejercicio 9

Realiza el siguiente dibujo.

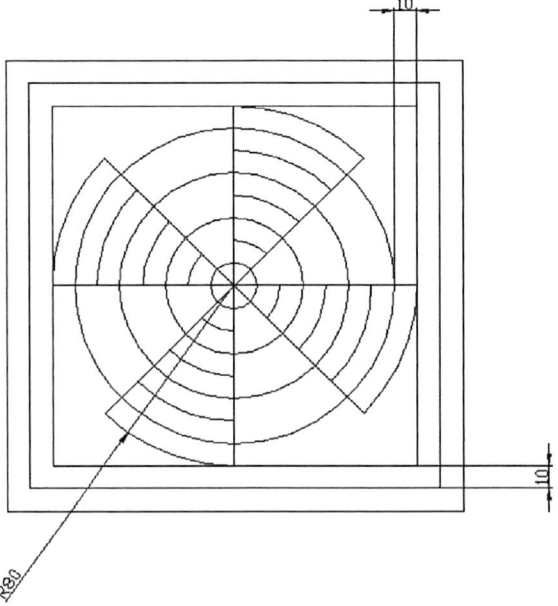

Ejercicio 10
Realiza el siguiente dibujo.

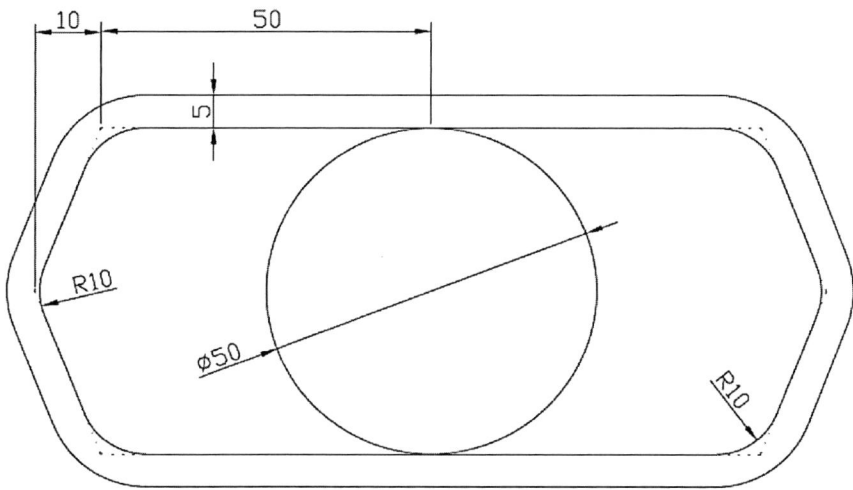

Ejercicio 11
Realiza el siguiente dibujo.

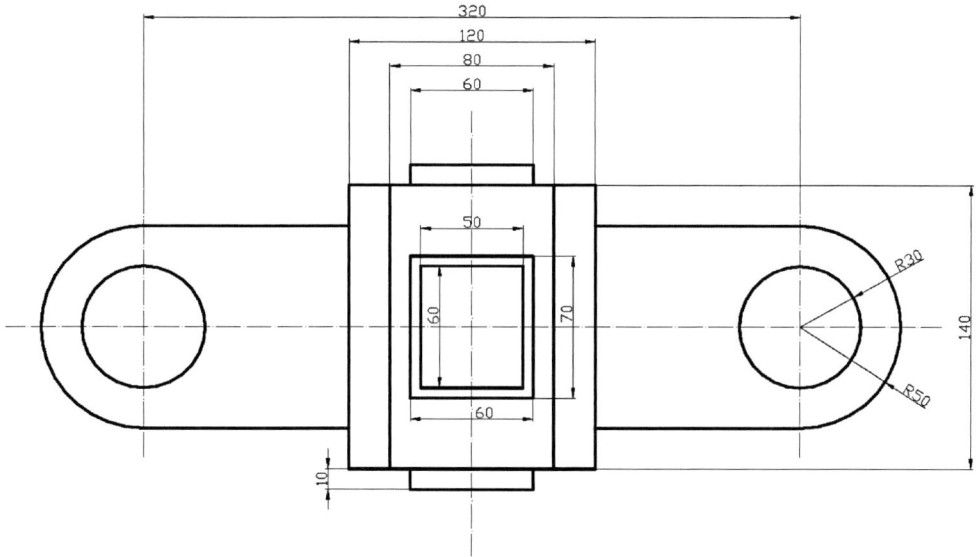

Ejercicio 12

Realiza el siguiente dibujo utilizando los comandos *matriz* y *recorta*.

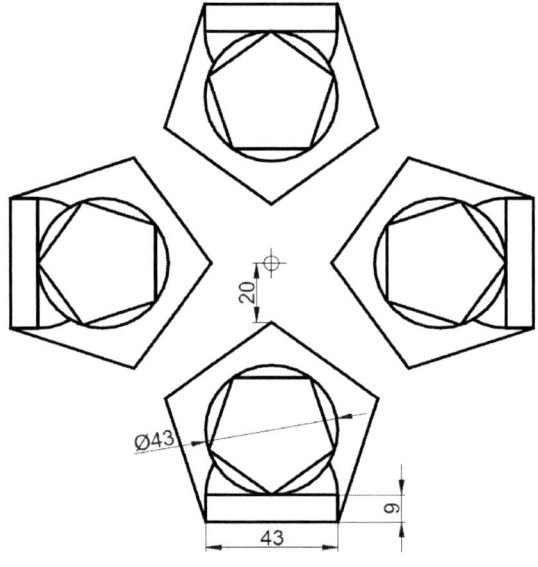

Ejercicio 13

Realiza el siguiente dibujo.

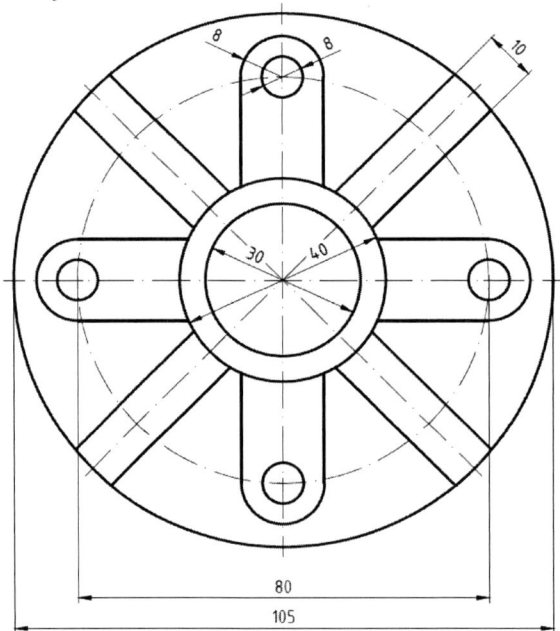

Ejercicio 14

Realiza el siguiente dibujo.

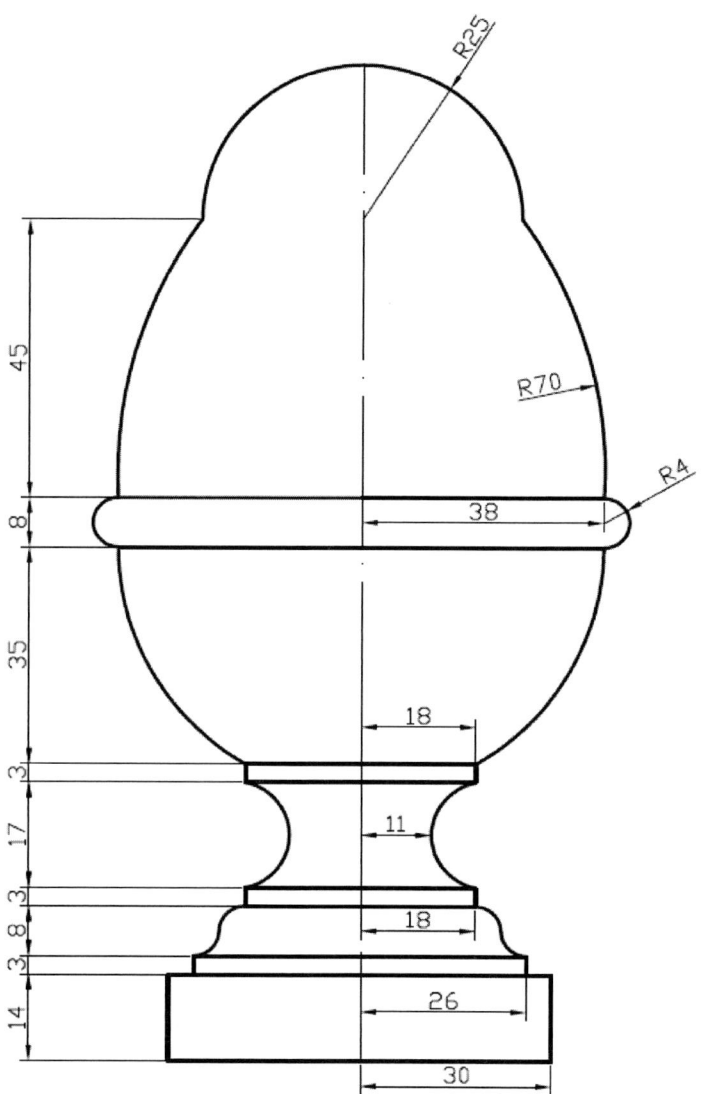

Ejercicio 15

Realiza el siguiente dibujo.

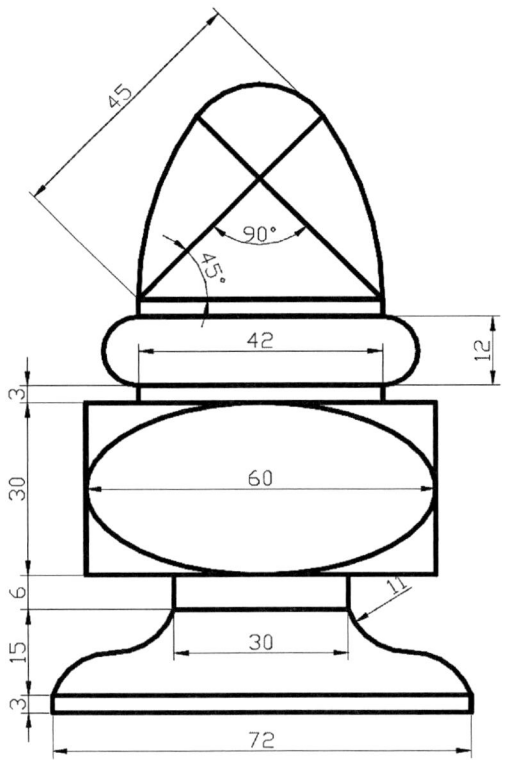

Ejercicio 16

Realiza el dibujo de la figura, definiendo las siguientes capas.

Nombre	Color	Tipo de línea
Objeto	Negro	Continua
Ejes	Rojo	Punto y raya
Ocultas	Negro	Discontinua
Cotas	Azul	Continua

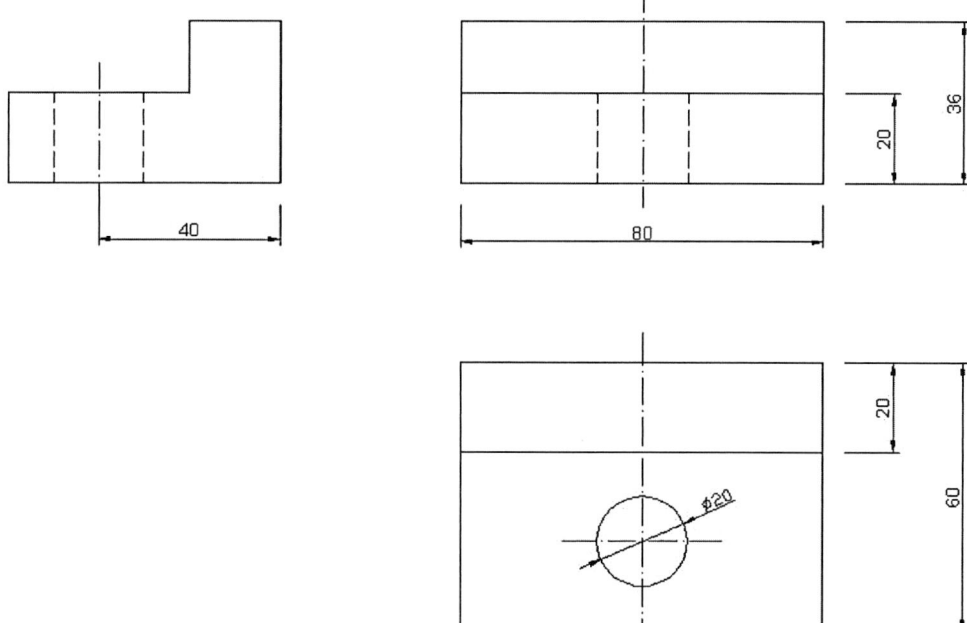

Ejercicio 17

Realiza el dibujo de la figura definiendo capas para cada tipo de línea.

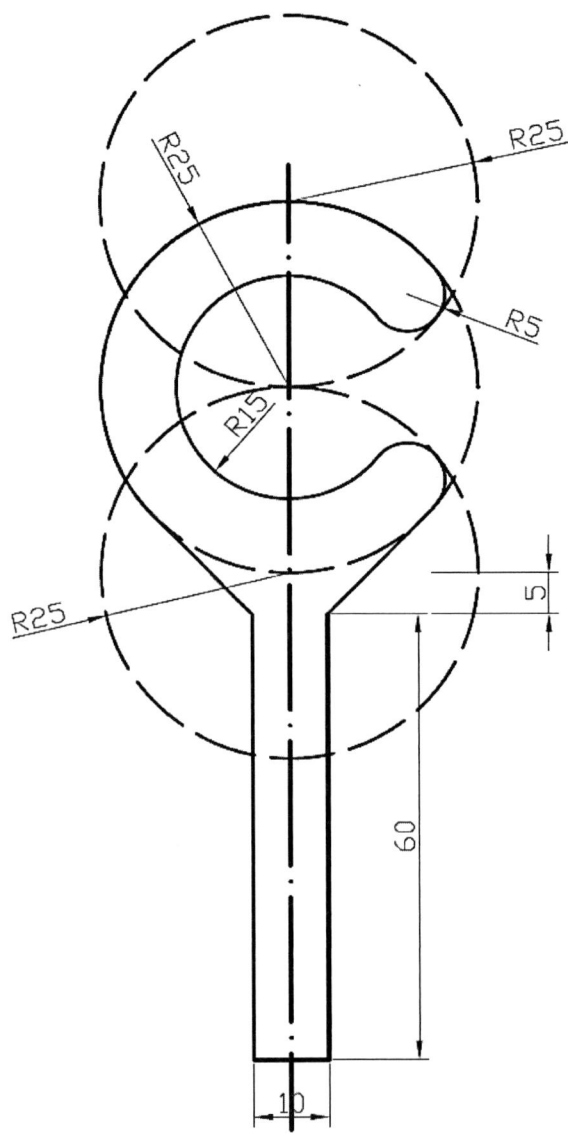

Ejercicio 18

Realiza el dibujo de la figura.

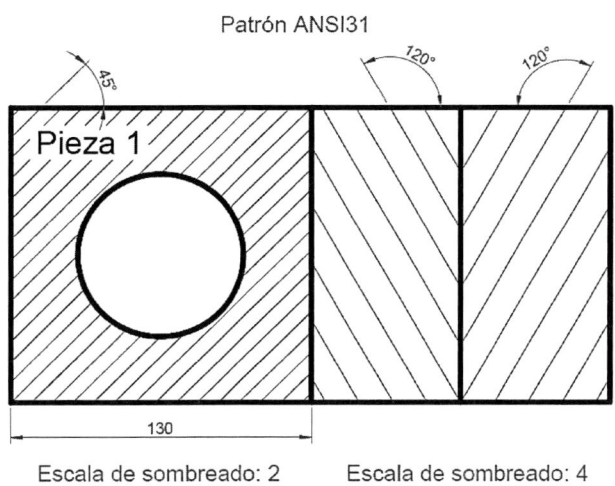

Patrón ANSI31

Escala de sombreado: 2   Escala de sombreado: 4

Ejercicio 19

Realiza el dibujo de la figura.

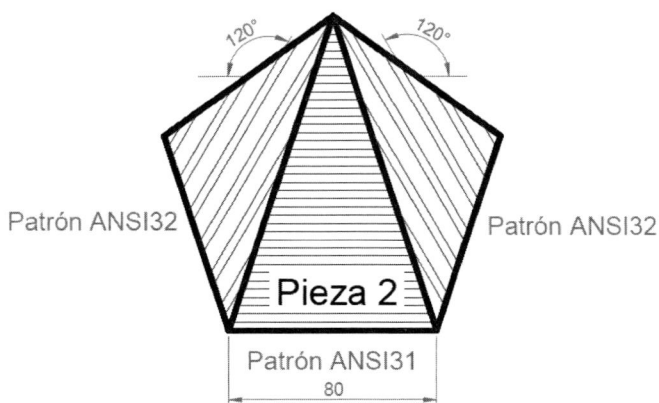

2
Ejercicios de representación normalizada y acotación

Ejercicio 20

Dados los modelos representados en perspectiva axonométrica de 10 piezas distintas, y dados sus 10 alzados, 10 plantas y 10 perfiles izquierdos, rellenar la tabla adjunta indicando el número de alzado, de planta y de perfil izquierdo correspondiente a cada uno de los modelos.

Modelo	Alzado	Planta	Perfil
1			
2			
3			
4			
5			
6			
7			
8			
9			
10			

Modelos

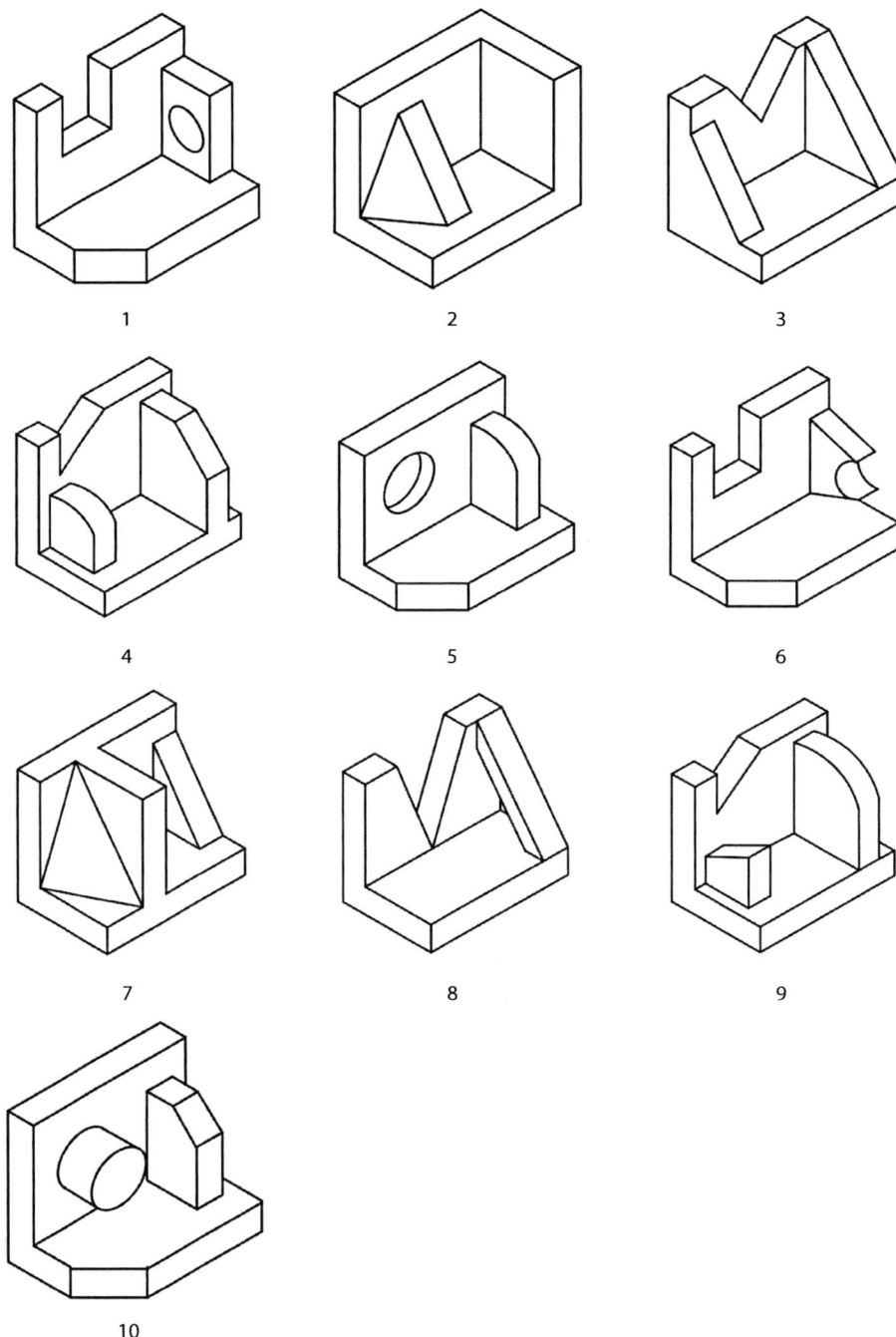

1

2

3

4

5

6

7

8

9

10

Alzados

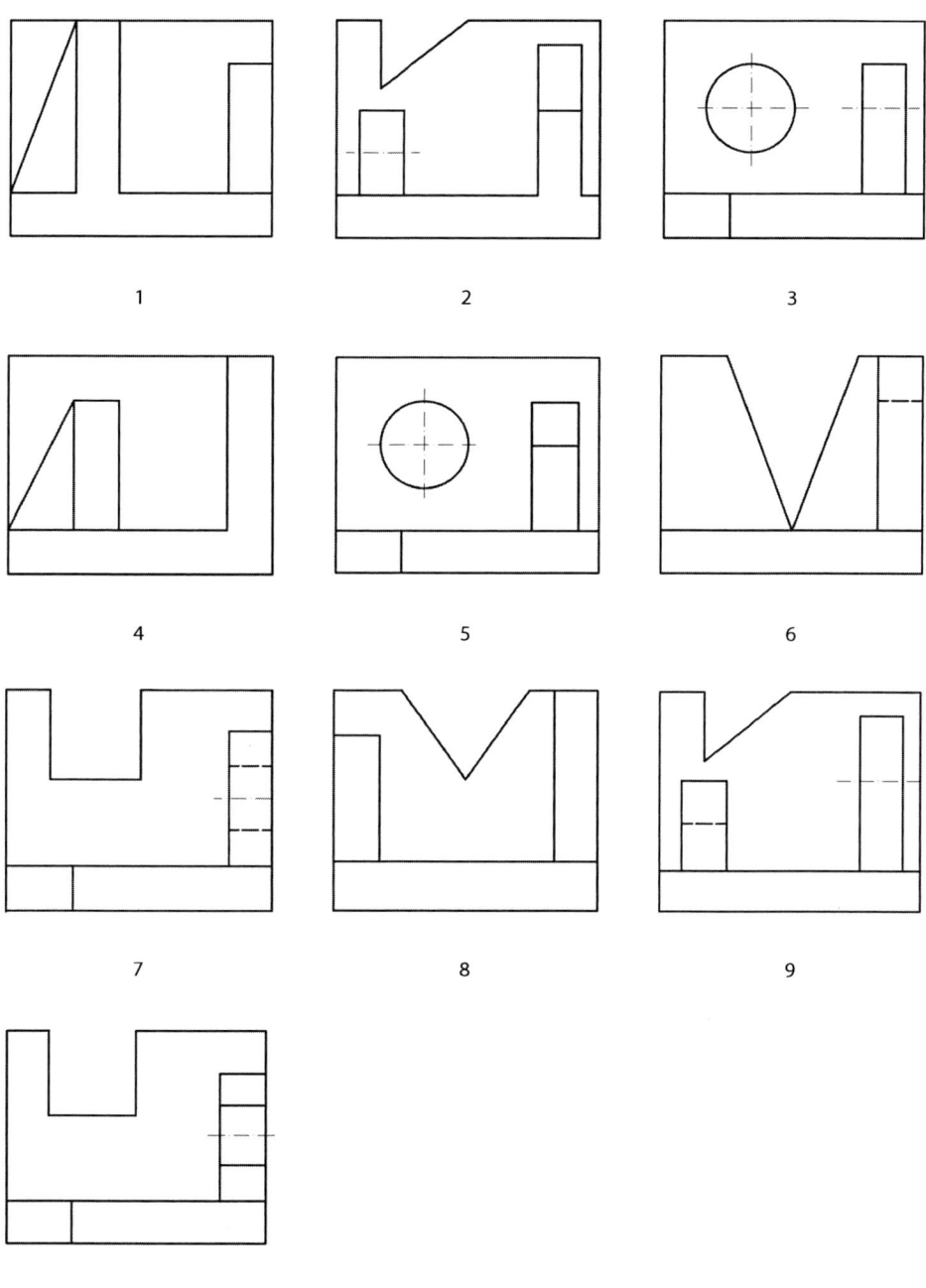

Plantas

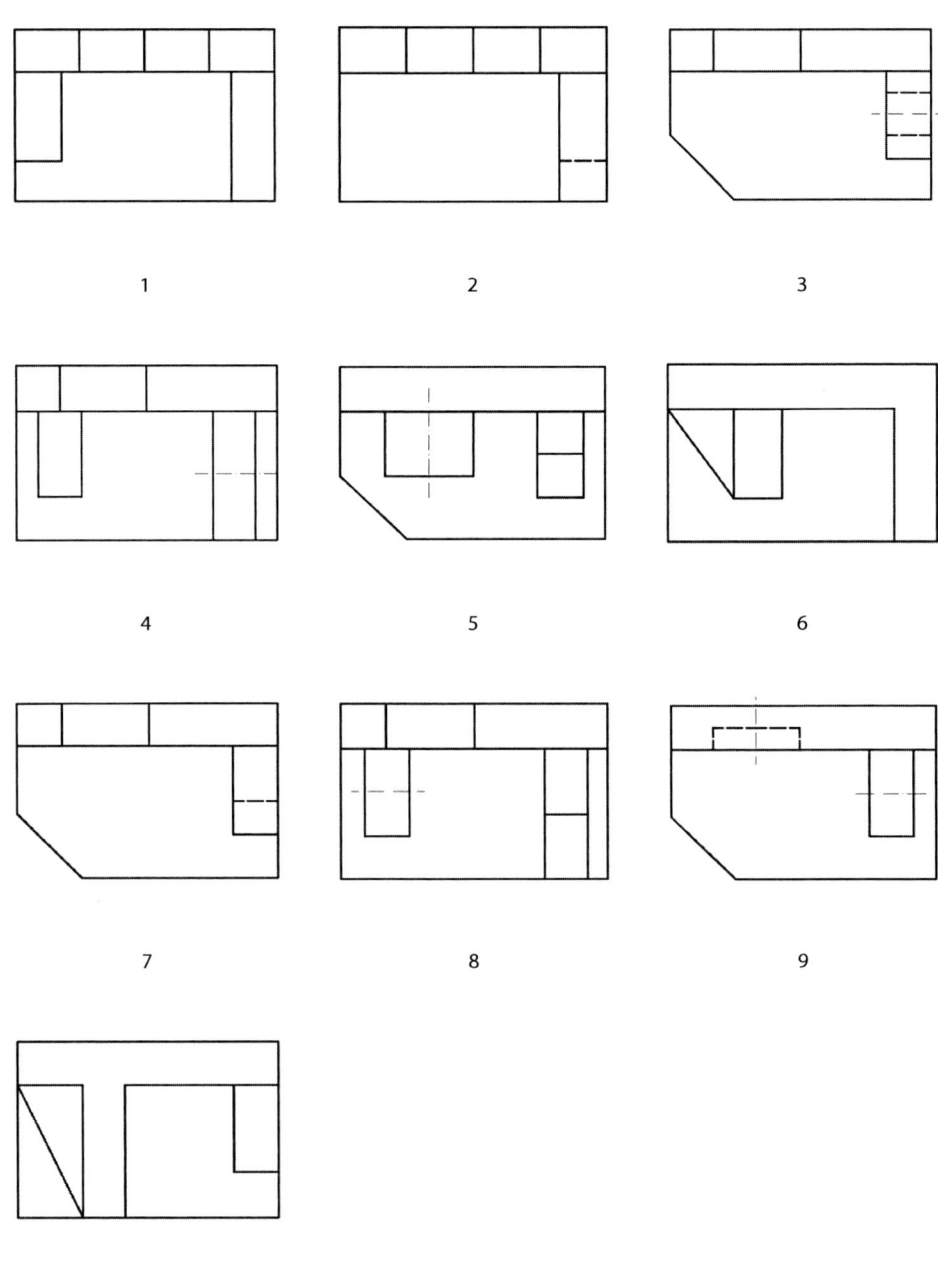

Perfiles

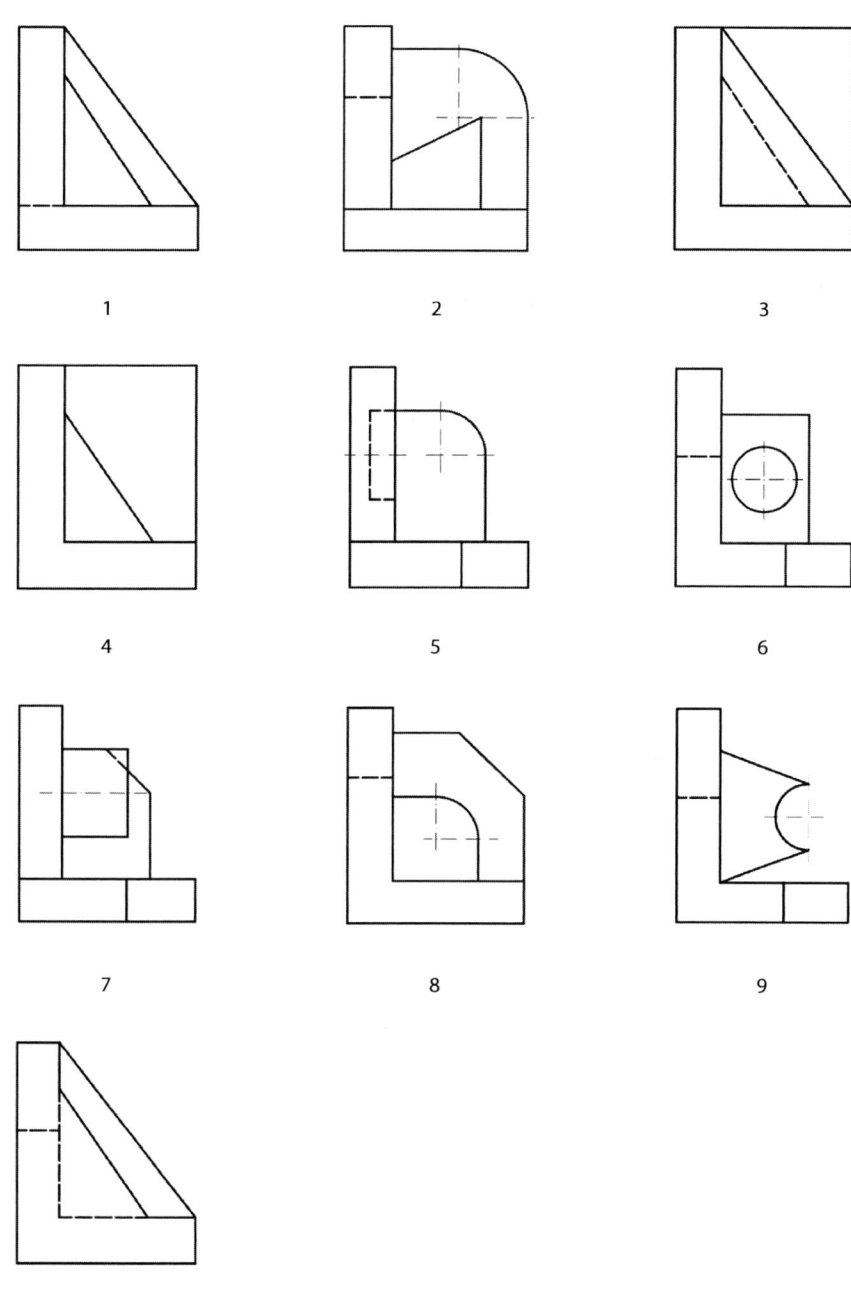

1

2

3

4

5

6

7

8

9

10

Ejercicio 21

Dados los modelos representados en perspectiva axonométrica de 10 piezas distintas, y dados sus 10 alzados, 10 plantas y 10 perfiles izquierdos, rellenar la tabla adjunta indicando el número de alzado, de planta y de perfil izquierdo correspondiente a cada uno de los modelos.

Modelo	Alzado	Planta	Perfil
1			
2			
3			
4			
5			
6			
7			
8			
9			
10			

Modelos

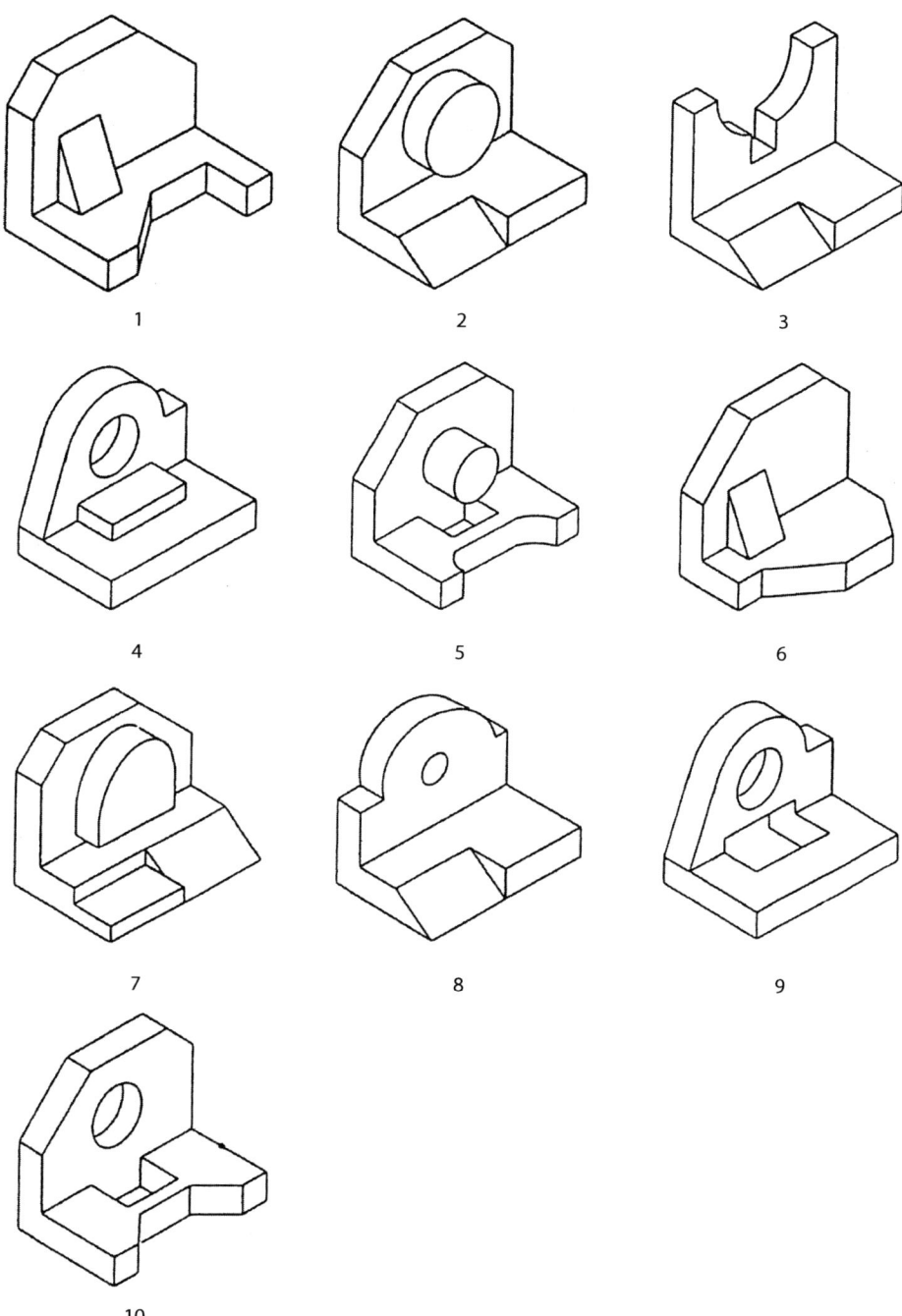

1

2

3

4

5

6

7

8

9

10

Alzados

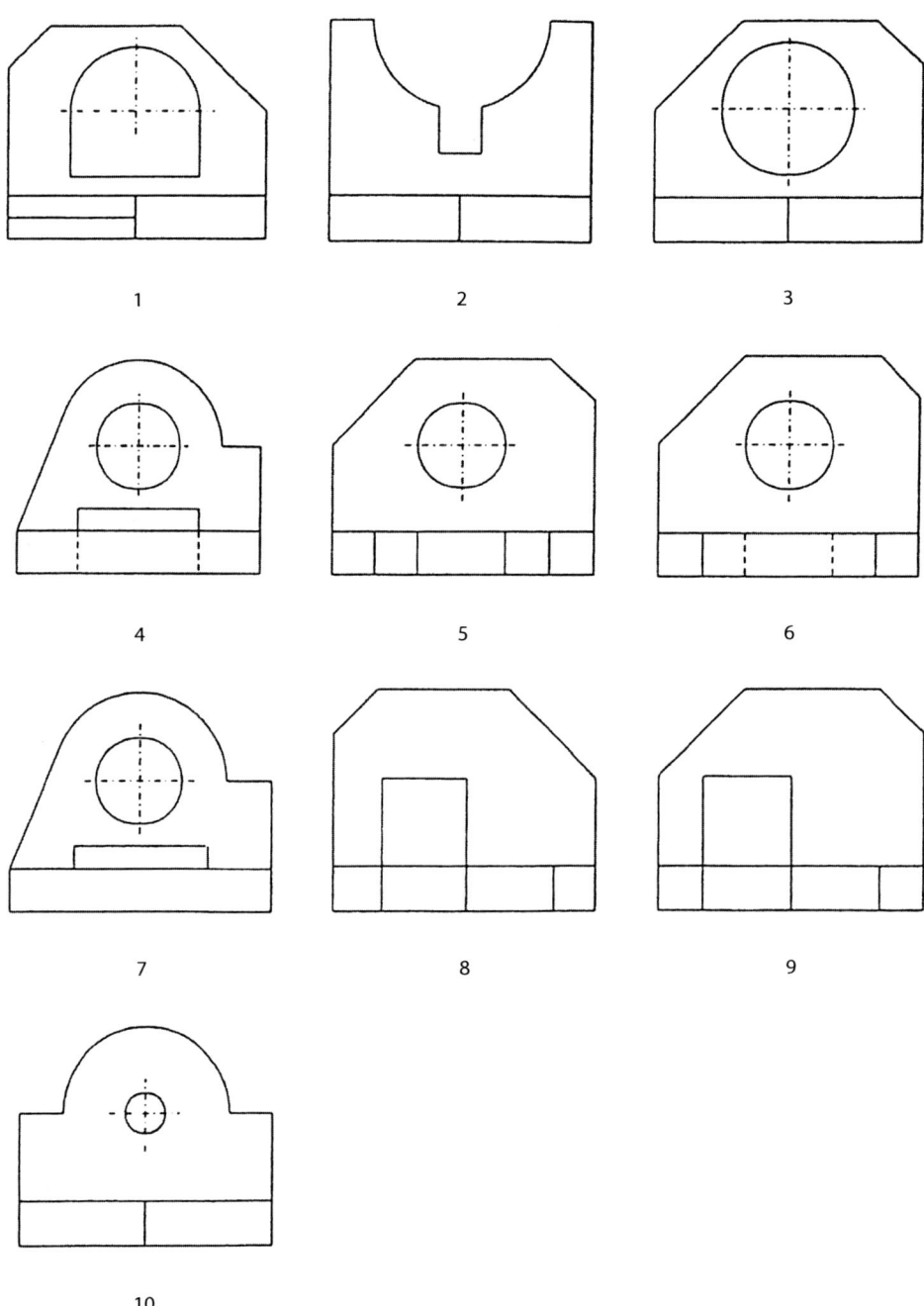

Plantas

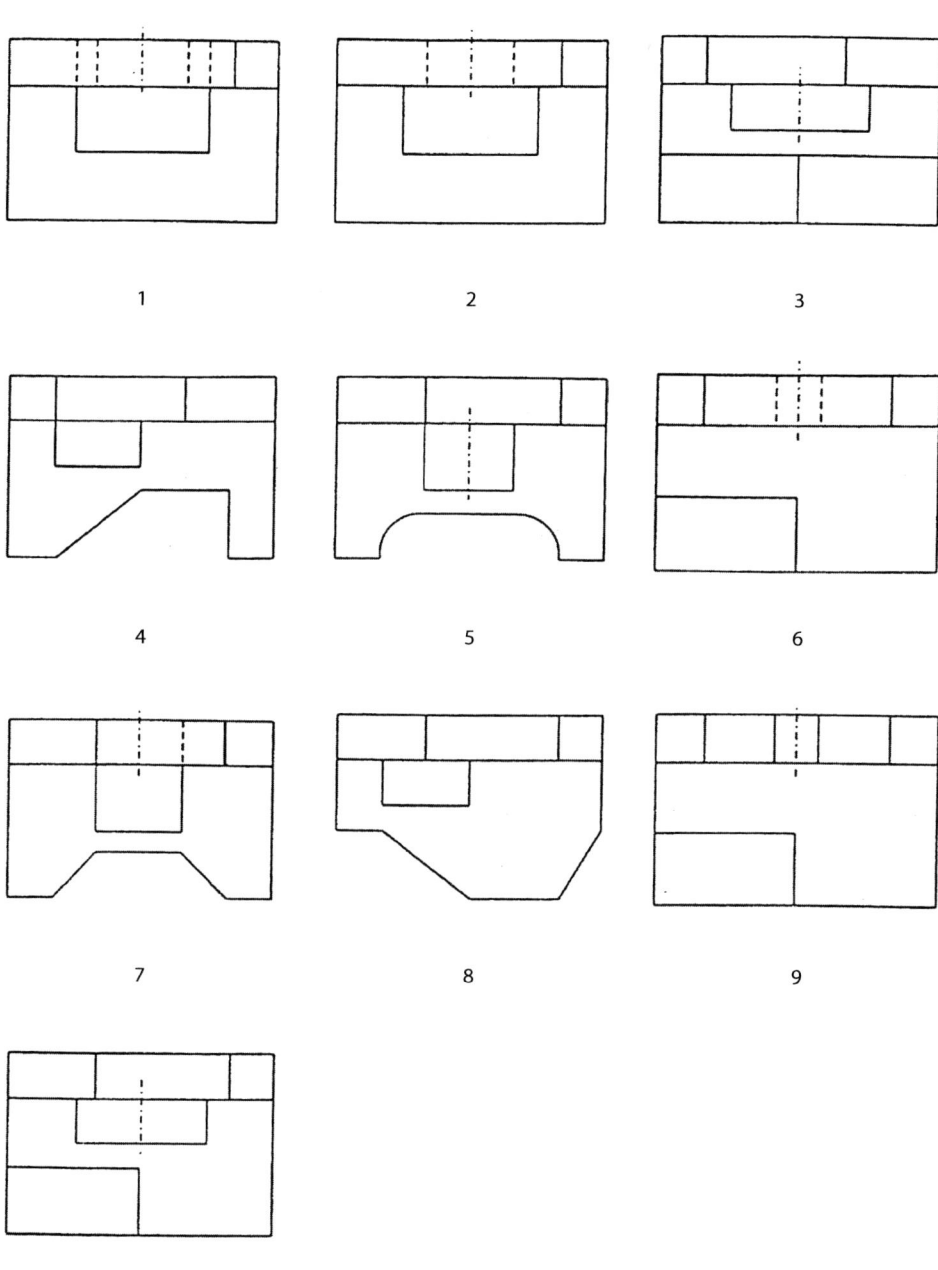

1

2

3

4

5

6

7

8

9

10

Perfiles

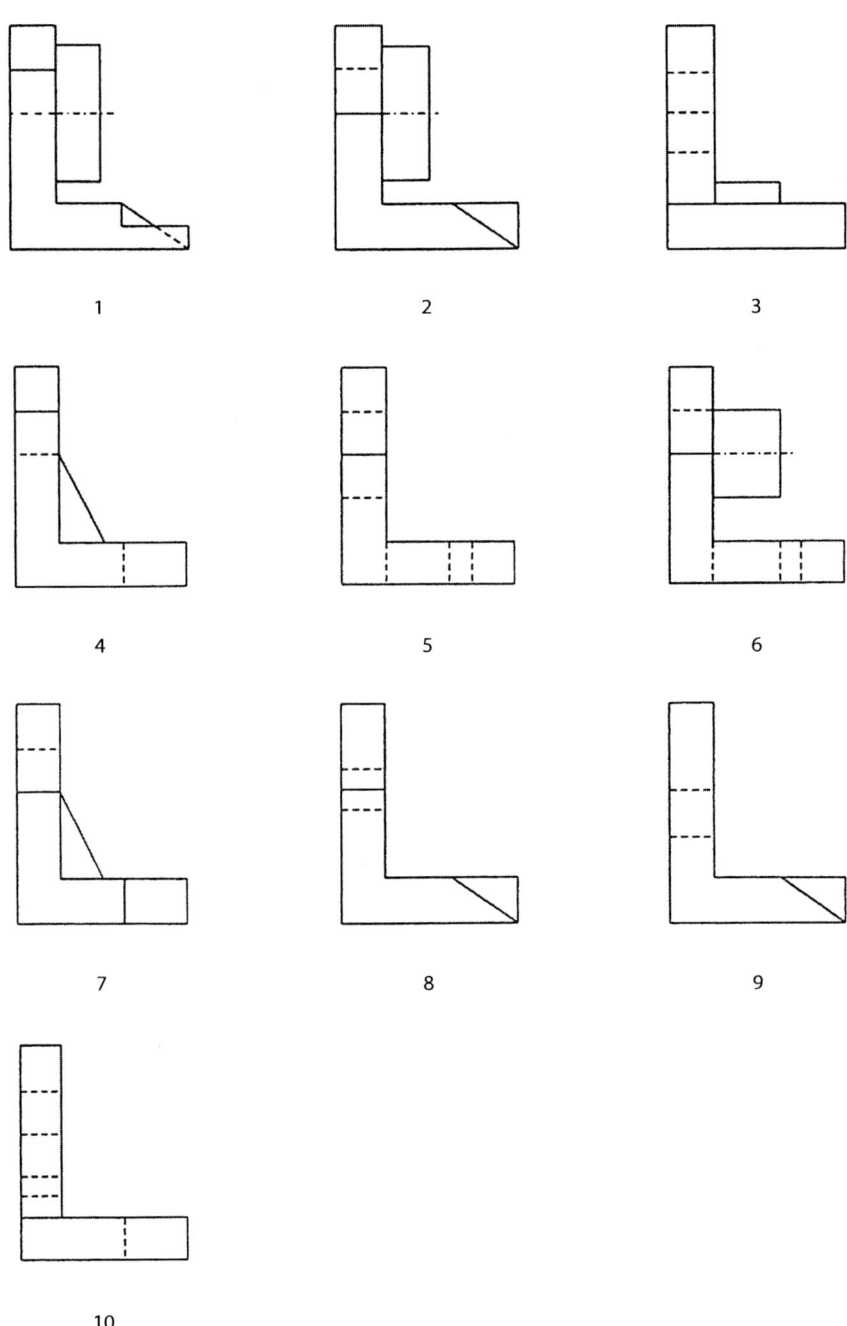

1

2

3

4

5

6

7

8

9

10

Ejercicio 22

Dibuja las vistas (alzado, planta y perfil derecho) de la pieza representada en perspectiva isométrica a su misma escala.

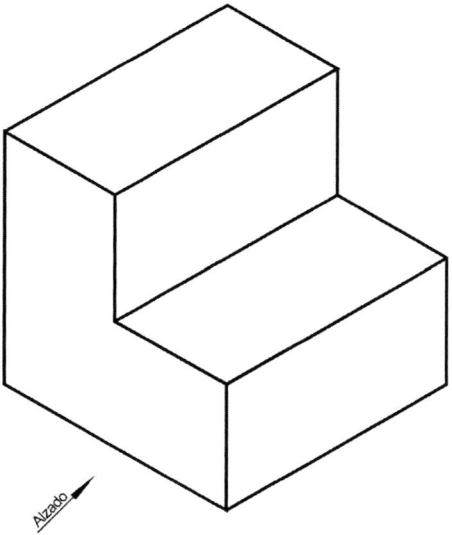

Ejercicio 23

Dibuja las vistas (alzado, planta y perfil izquierdo) de la pieza representada en perspectiva isométrica a su misma escala.

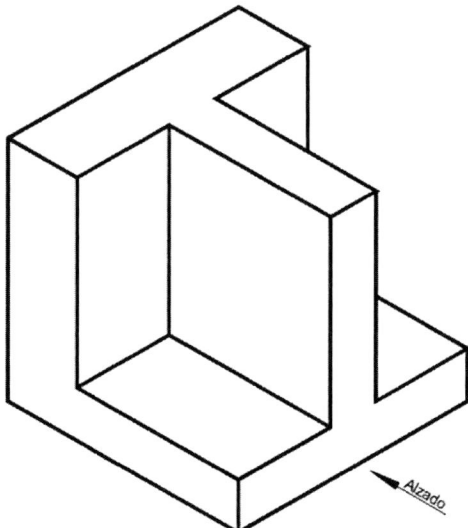

Ejercicio 24

Dibuja las vistas (alzado, planta y perfil izquierdo) de la pieza representada en perspectiva isométrica a su misma escala.

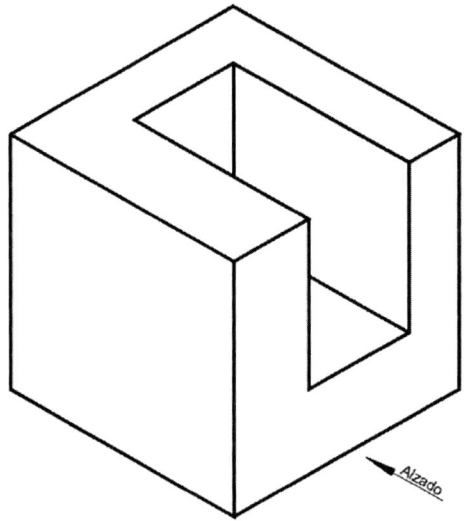

Ejercicio 25

Dibuja las vistas (alzado, planta y perfil izquierdo) de la pieza representada en perspectiva isométrica a su misma escala.

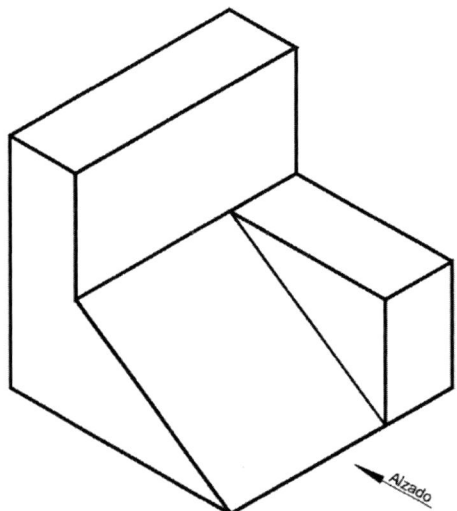

Ejercicio 26

Dibuja las vistas (alzado, planta y perfil izquierdo) de la pieza representada en perspectiva isométrica a su misma escala.

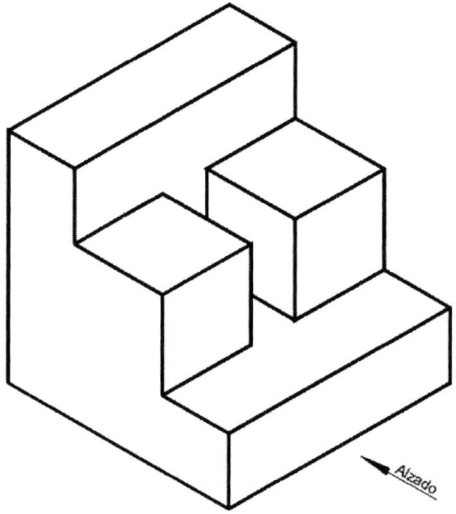

Ejercicio 27

Dibuja las vistas (alzado, planta y perfil izquierdo) de la pieza representada en perspectiva isométrica a su misma escala.

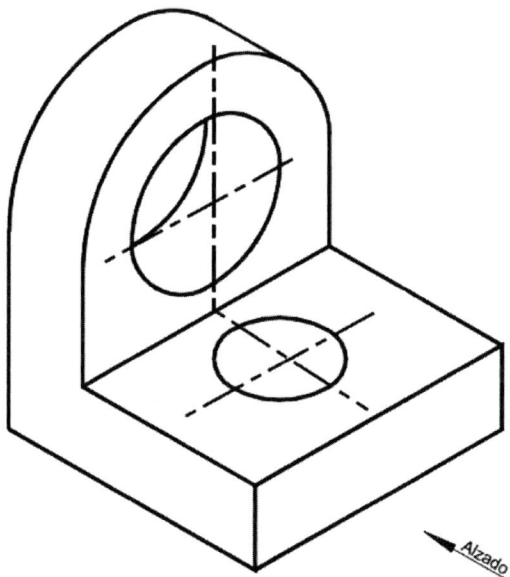

Ejercicio 28

Dibuja las vistas (alzado, planta y perfil izquierdo) de la pieza representada en perspectiva isométrica a su misma escala.

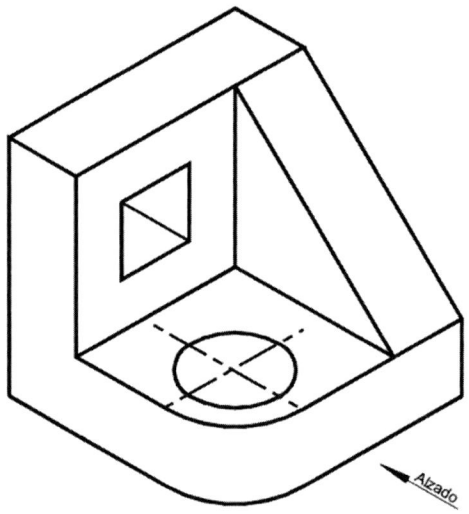

Ejercicio 29

Dibuja las vistas (alzado, planta y perfil izquierdo) de la pieza representada en perspectiva isométrica a su misma escala.

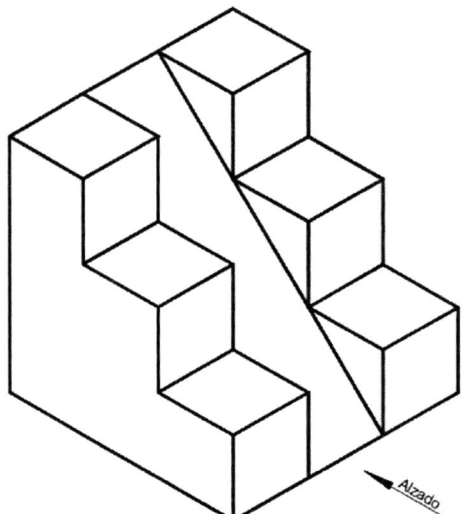

Ejercicio 30

Dibuja las vistas (alzado, planta y perfil izquierdo) de la pieza representada en perspectiva isométrica a su misma escala.

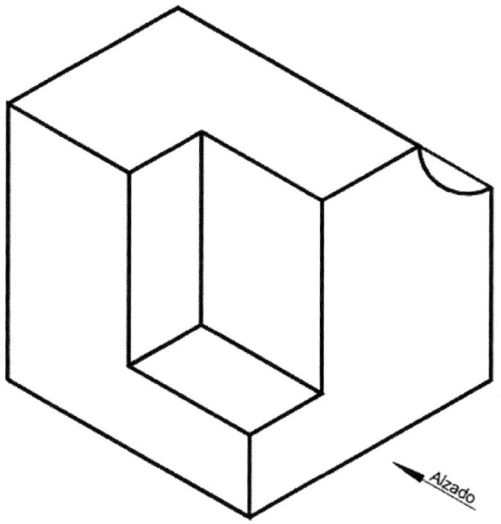

Ejercicio 31

Dibuja las vistas (alzado, planta y perfil izquierdo) de la pieza representada en perspectiva isométrica a su misma escala.

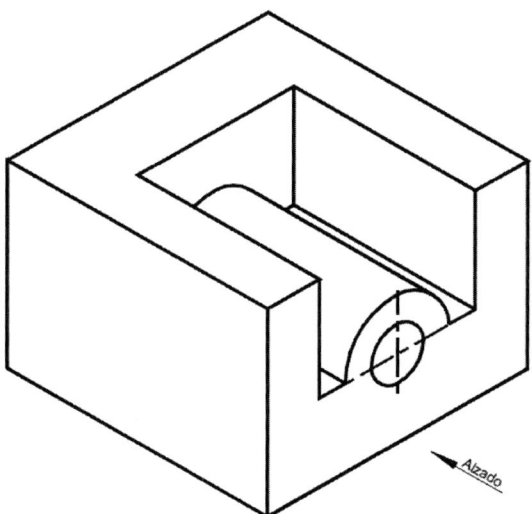

Ejercicio 32

Dibuja las vistas (alzado, planta y perfil izquierdo) de la pieza representada en perspectiva isométrica a su misma escala.

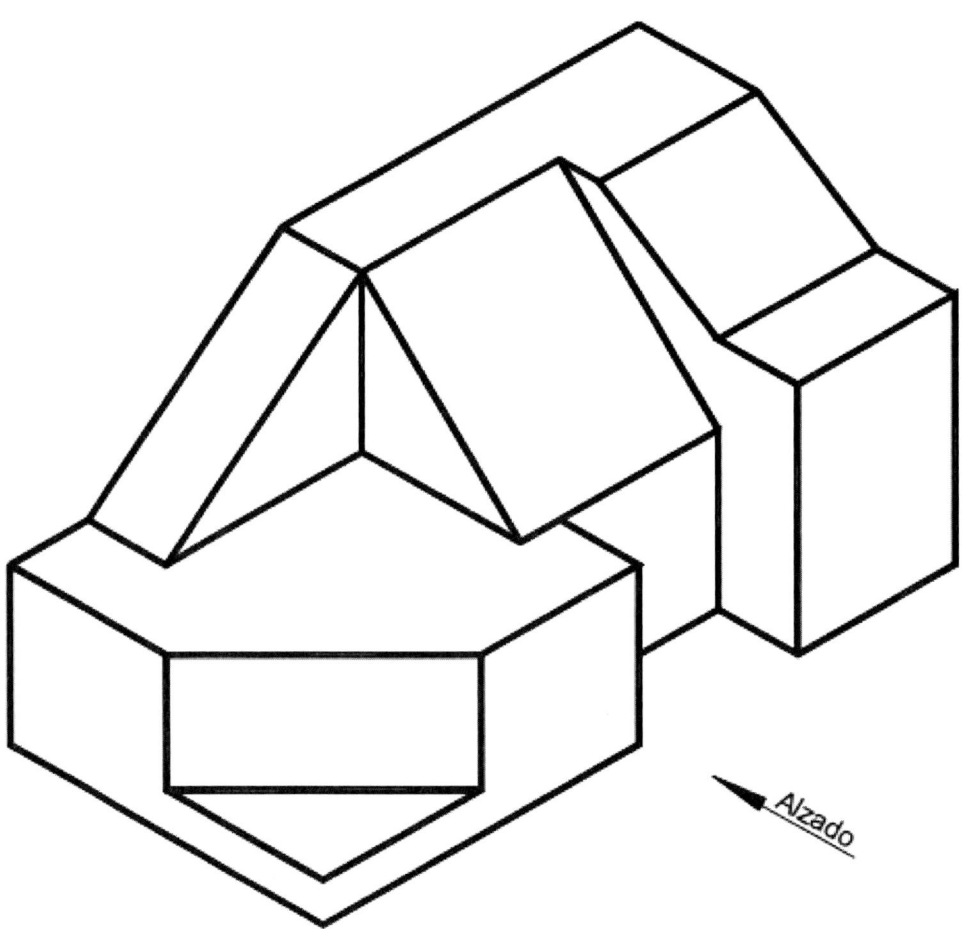

Ejercicio 33

Dibuja las vistas (alzado, planta y perfil derecho) de la pieza representada en perspectiva isométrica a su misma escala.

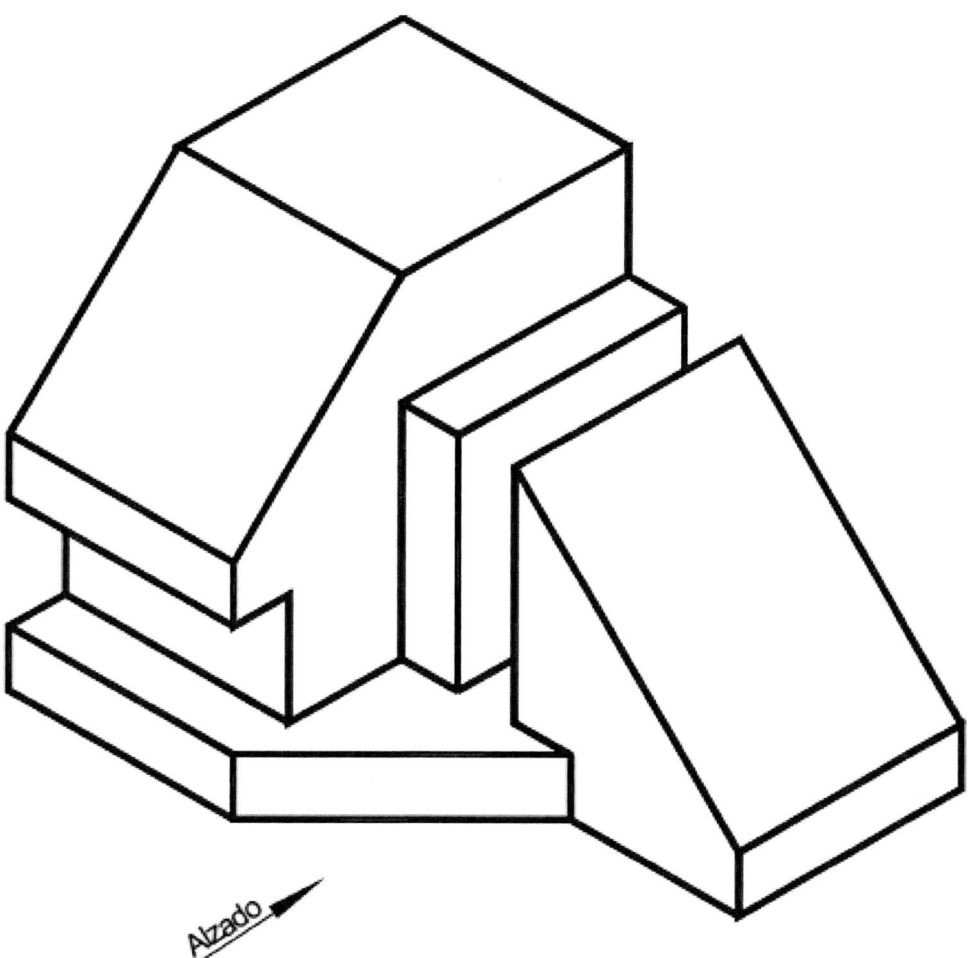

Ejercicio 34

Dibuja las vistas (alzado, planta y perfil derecho) de la pieza representada en perspectiva isométrica a su misma escala.

Ejercicio 35

Dibuja las vistas (alzado, planta y perfil izquierdo) de la pieza representada en perspectiva isométrica a su misma escala.

Ejercicio 36

Dibuja las vistas (alzado, planta y perfil derecho) de la pieza representada en perspectiva isométrica a su misma escala.

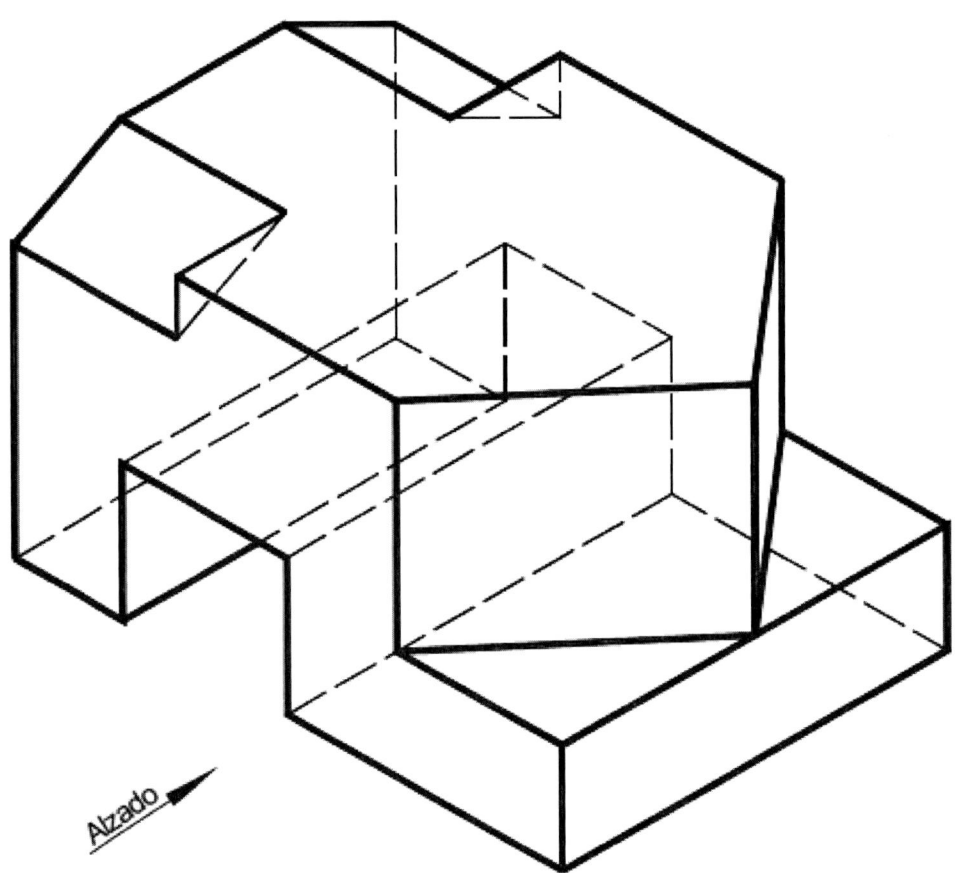

Ejercicio 37

Dibuja las vistas (alzado, planta y perfil derecho) de la pieza representada en perspectiva isométrica a su misma escala.

Ejercicio 38

Dibuja las vistas (alzado, planta y perfil derecho) de la pieza representada en perspectiva isométrica a su misma escala.

Ejercicio 39

Dibuja las vistas (alzado, planta y perfil izquierdo) de la pieza representada en perspectiva isométrica a su misma escala.

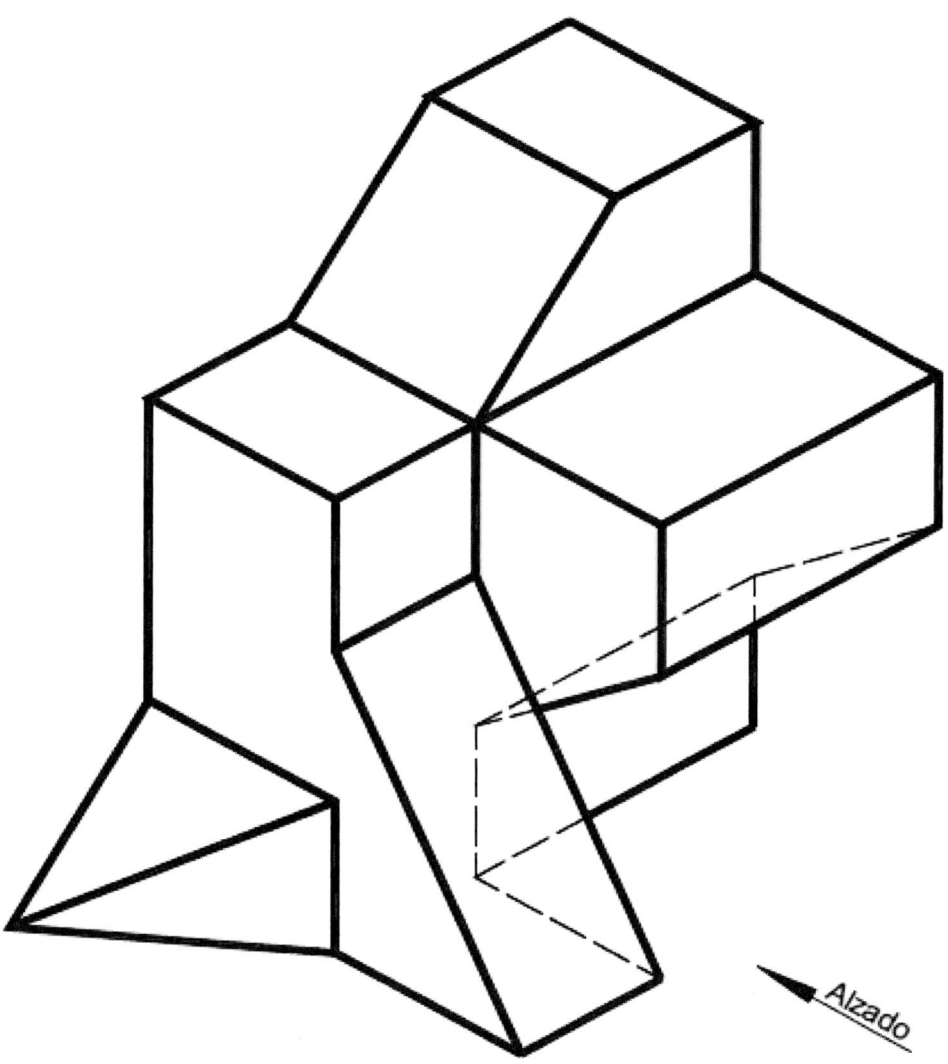

Ejercicio 40

Dibuja las vistas (alzado, planta y perfil izquierdo) de la pieza representada en perspectiva isométrica a su misma escala.

Ejercicio 41

Dibuja las vistas (alzado, planta y perfil derecho) de la pieza representada en perspectiva isométrica a su misma escala.

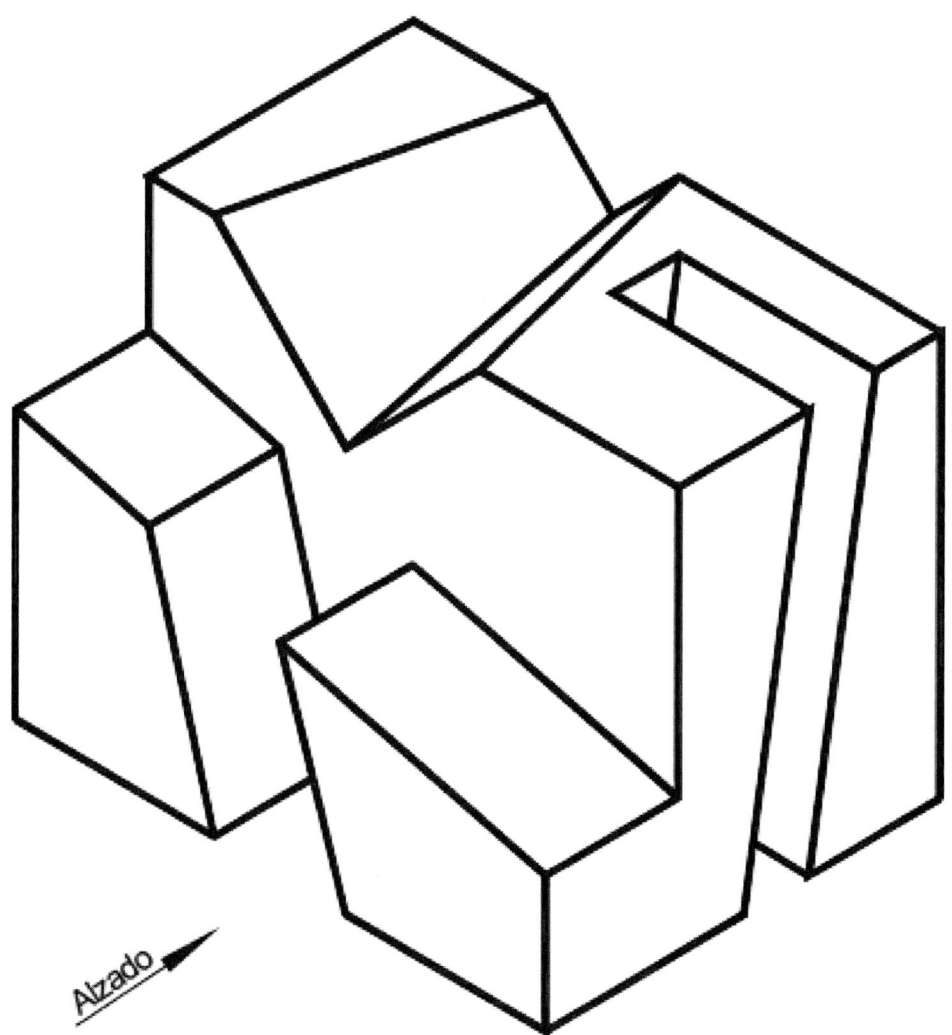

Ejercicio 42

Dibuja a E1/1 las vistas diédricas (*alzado, planta superior* y *perfil derecho*) de la pieza dada en perspectiva isométrica. Escoge como alzado la vista indicada por la flecha.

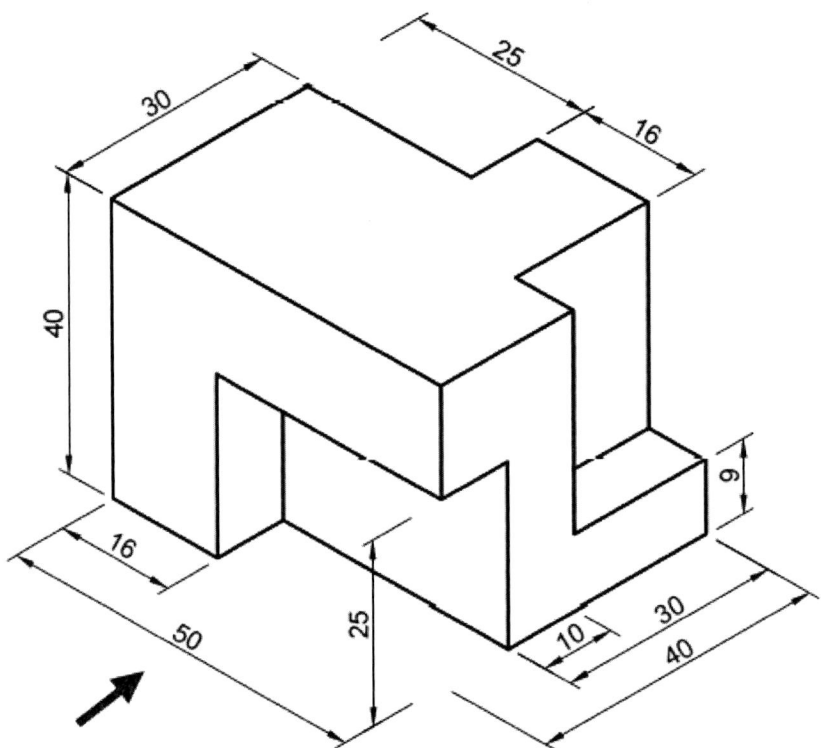

Ejercicio 43

Dibuja a E3/4 las vistas diédricas (*alzado, planta superior, perfil derecho y perfil izquierdo*) de la pieza dada en perspectiva isométrica. La escala de la pieza es E1/1. Dibuja la solución en DIN A4 con cajetín normalizado.[1]

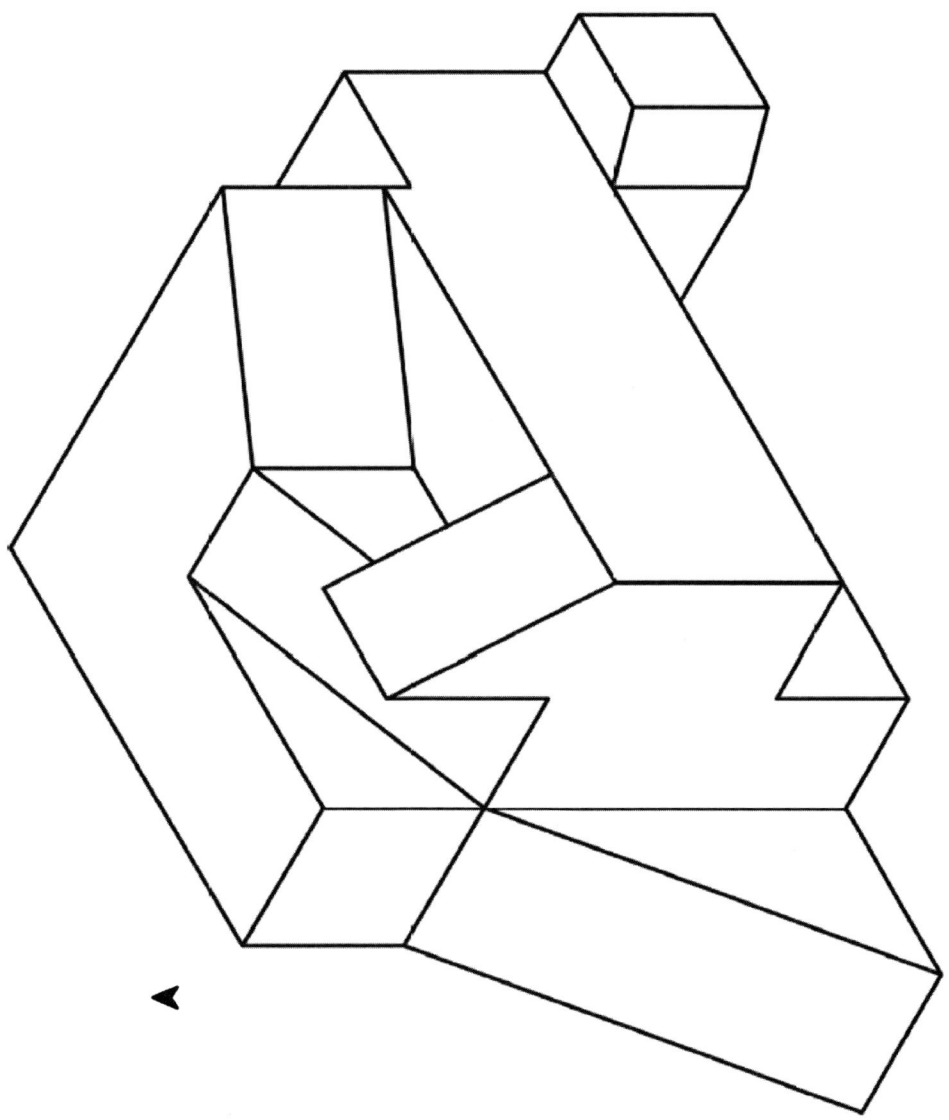

---

[1]   La flecha indica la orientación del eje vertical de la pieza.

Ejercicio 44

Dibuja a escala conveniente las vistas diédricas (*alzado, planta superior* y *perfil izquierdo*) de la pieza dada en perspectiva isométrica. La escala de la pieza es E1/1. Dibuja la solución en DIN A4 con cajetín normalizado, incluyendo aristas ocultas.[2]

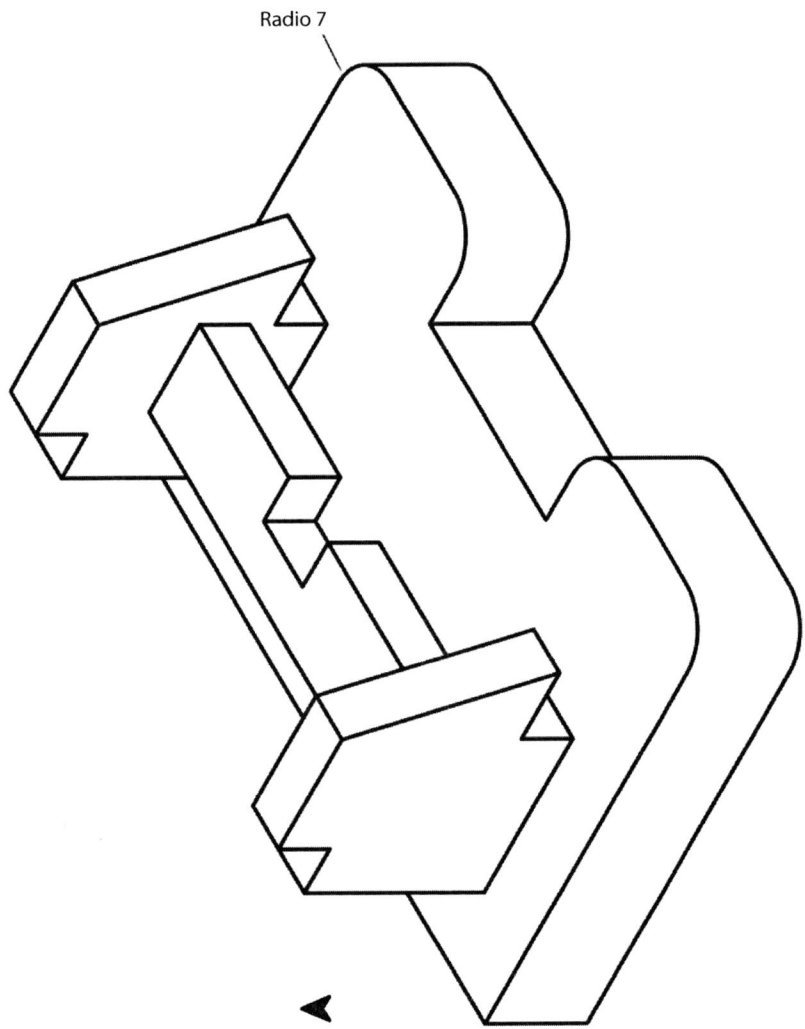

Radio 7

---

[2]   La flecha indica la orientación del eje vertical de la pieza.

48

Ejercicio 45

Dibuja a E2/1 el mínimo número de vistas y cortes necesarios para definir la pieza dada en perspectiva isométrica. La escala de la pieza es E1/1. La pieza tiene un plano principal de simetría y todos sus agujeros son pasantes. Dibuja la solución en DIN A4 con cajetín normalizado.

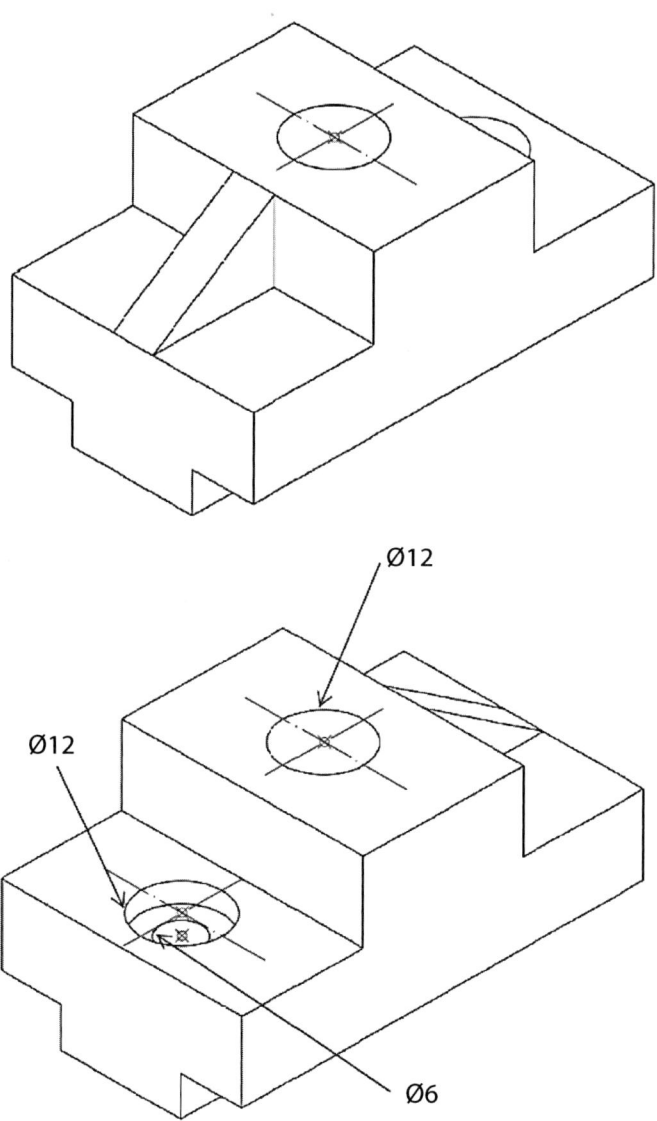

Ejercicio 46

Dibuja a E1/2 las vistas diédricas (*alzado, planta superior* y *perfil derecho*) de la pieza dada en perspectiva isométrica con los cortes necesarios para definir la figura. Dibuja la solución en DIN A4 con cajetín normalizado.

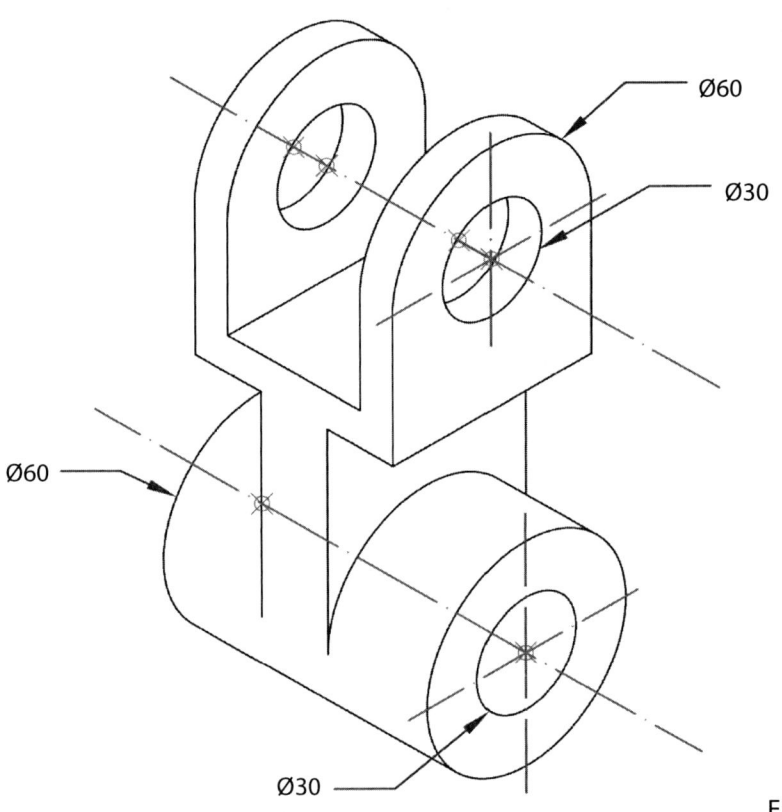

Ø60

Ø30

Ø60

Ø30

E1/2

Ejercicio 47

Dibuja a E3/2 el mínimo número de vistas y cortes necesarios para definir la pieza dada en perspectiva isométrica. La pieza tiene dos planos principales de simetría y un agujero pasante. Dibuja la solución en DIN A4 con cajetín normalizado.

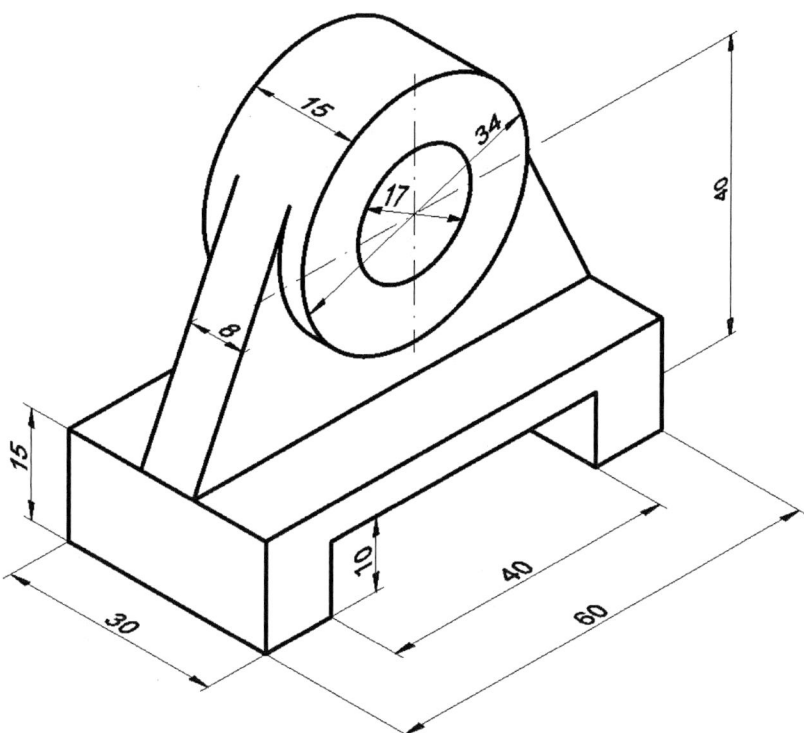

Ejercicio 48

Dibuja a E4/5 las vistas diédricas (*alzado, planta superior* y *perfil izquierdo*) de la pieza dada en perspectiva isométrica. Realiza un corte por un plano horizontal que pase por el centro del agujero (pasante). Dibuja la solución en DIN A4 con cajetín normalizado.

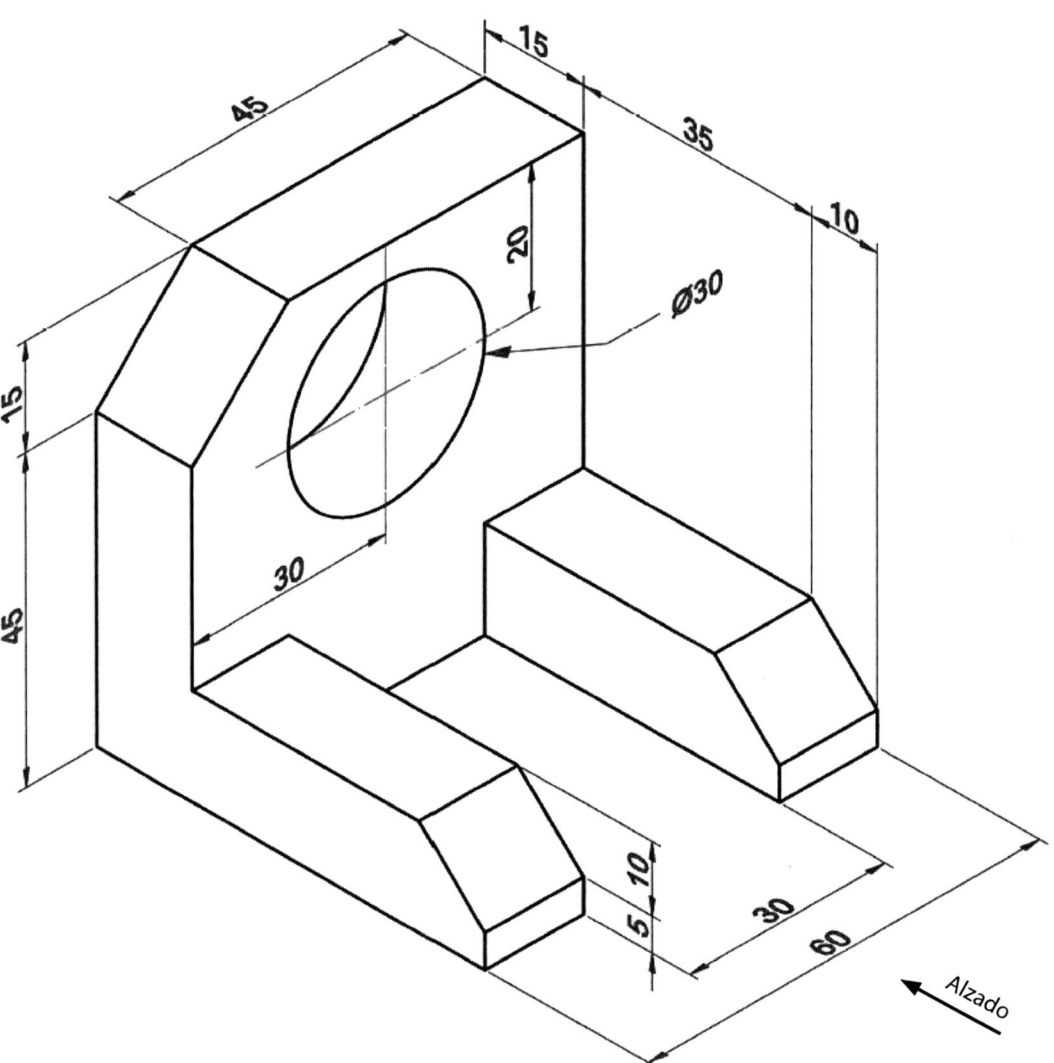

Ejercicio 49

Dibuja a E1/2 el mínimo número de vistas necesarias con los cortes necesarios para definir la pieza dada en perspectiva isométrica. La escala de la pieza es E3/5. La pieza tiene dos planos principales de simetría y todos sus agujeros son pasantes. Dibuja la solución en DIN A4 con cajetín normalizado. [3]

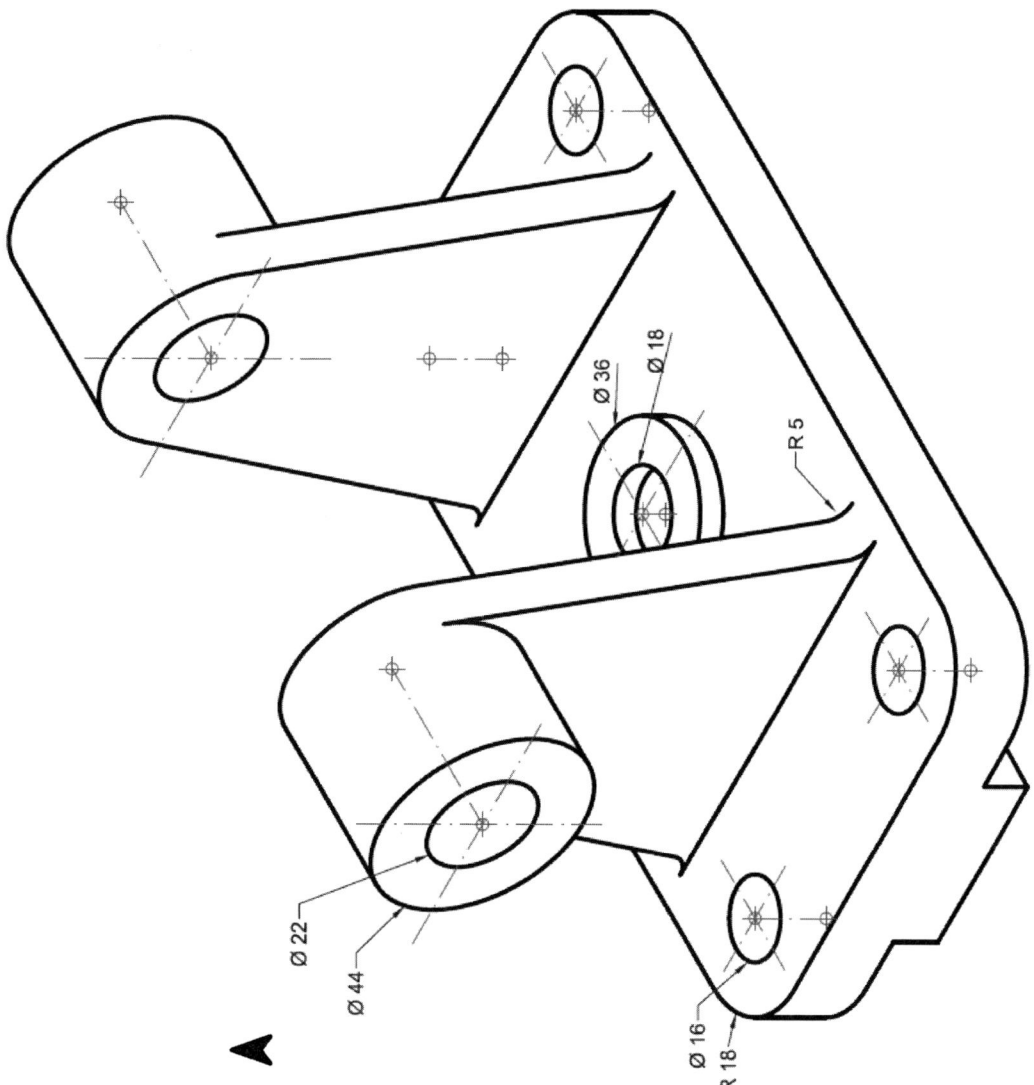

---

[3]   La flecha indica la orientación del eje vertical de la pieza.

Ejercicio 50

Dibuja a E4/5 el mínimo número de vistas necesarias con los cortes necesarios para definir la pieza dada en perspectiva isométrica. Todos los agujeros de la figura son pasantes. Dibuja la solución en DIN A4 con cajetín normalizado.[4]

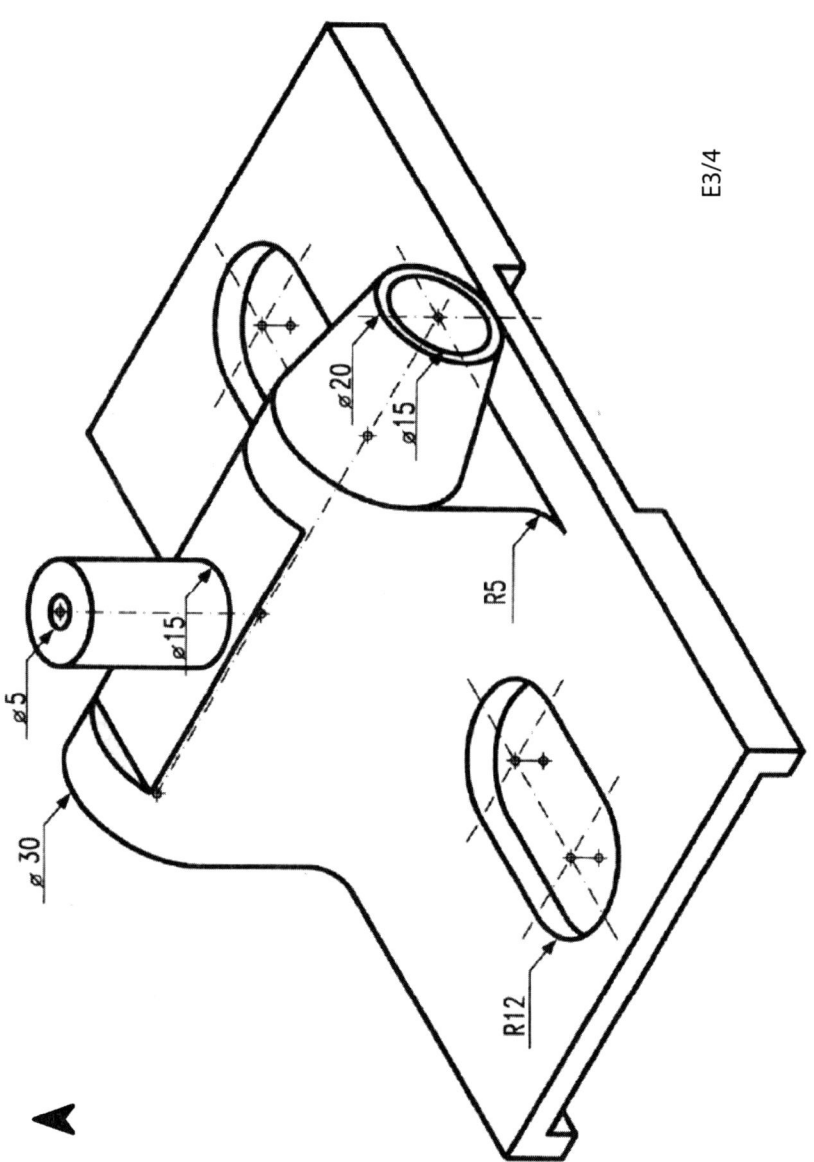

E3/4

---

[4] La flecha indica la orientación del eje vertical de la pieza.

Ejercicio 51

Dibuja la vista y acota de manera normalizada.

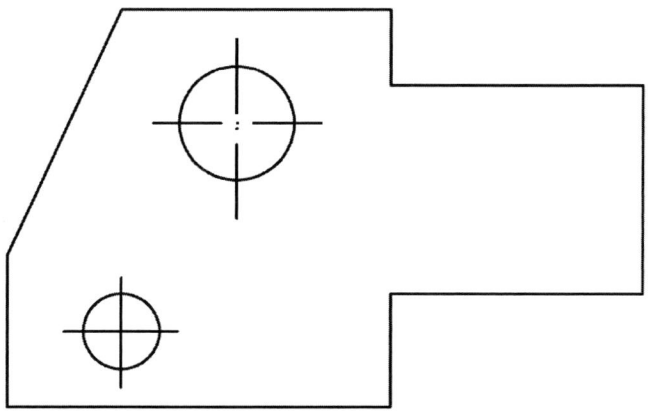

Ejercicio 52

Dibuja la vista y acota de manera normalizada.

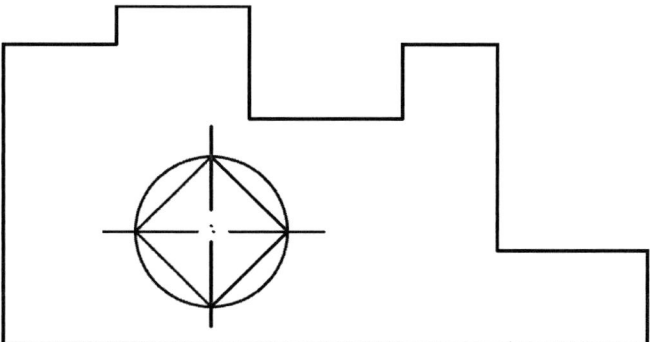

Ejercicio 53

Dibuja la vista y acota de manera normalizada[5].

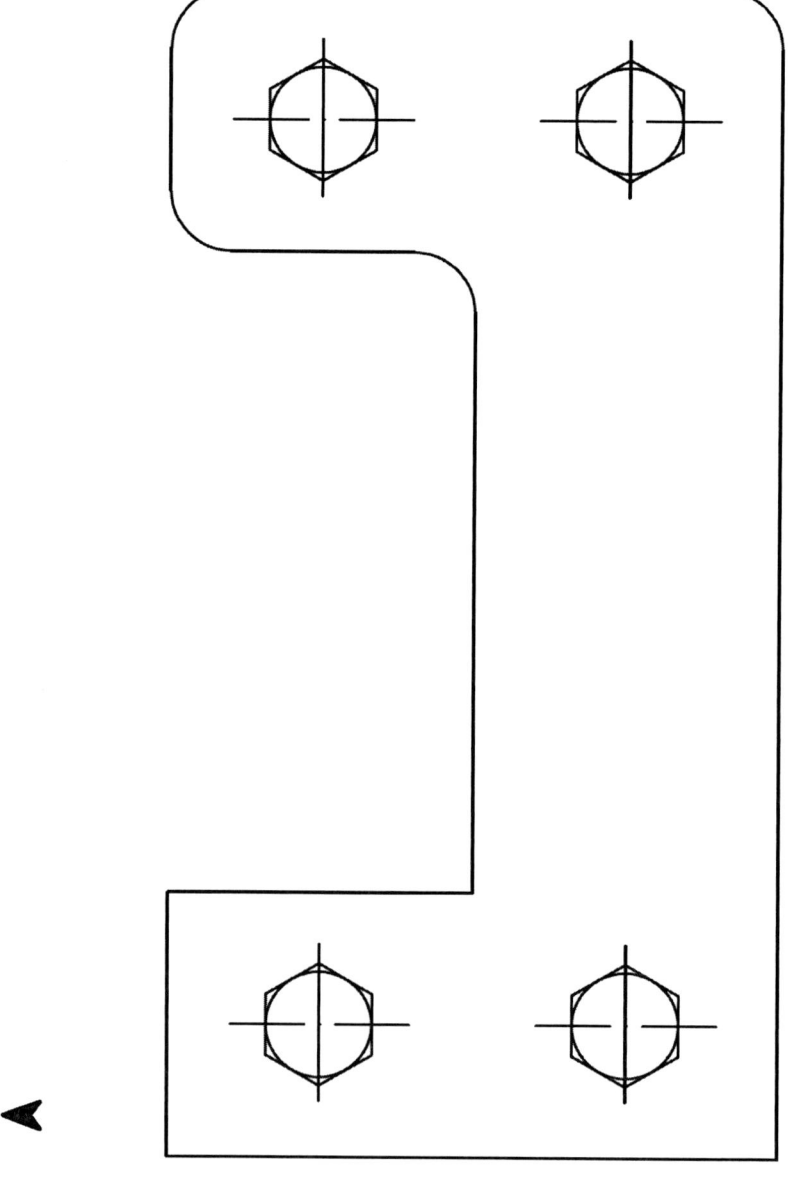

5 La flecha indica la orientación del eje vertical de la pieza.

56

Ejercicio 54

Dibuja a E4/5 el mínimo número de vistas necesarias con los cortes necesarios para definir la pieza dada en perspectiva isométrica y acota de manera normalizada. La pieza presenta un plano principal de simetría. Todos los agujeros de la figura son pasantes. Dibuja la solución en DIN A4 con cajetín normalizado.

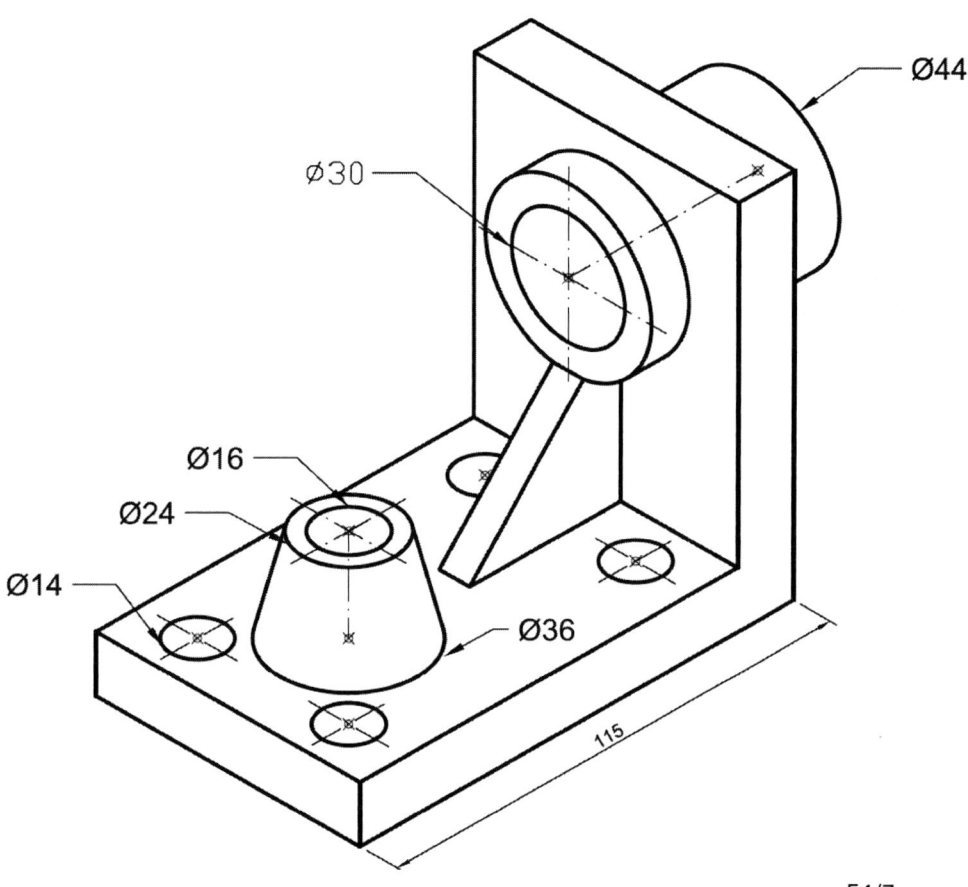

E4/7

Ejercicio 55

Dibuja a E1/1 el mínimo número de vistas necesarias con los cortes necesarios para definir la pieza dada en perspectiva isométrica y acota de manera normalizada. La pieza presenta un plano principal de simetría. Todos los agujeros de la figura son pasantes. Dibuja la solución en DIN A4 con cajetín normalizado.

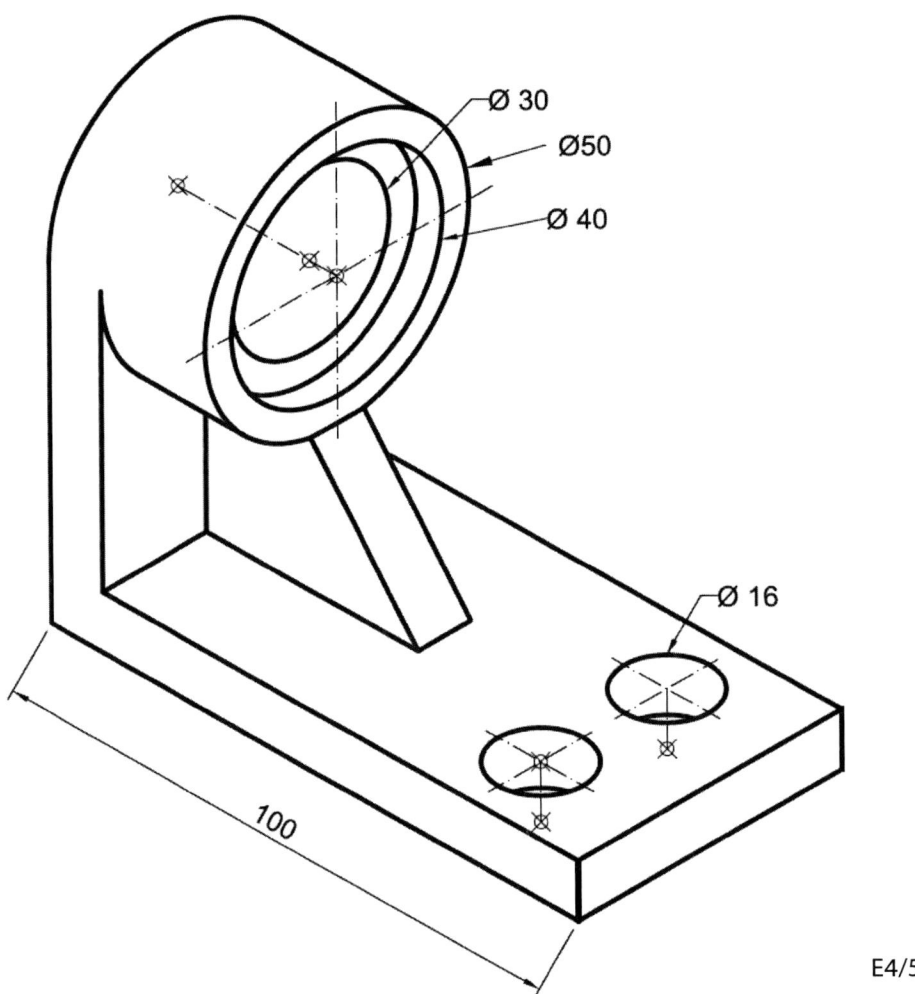

Ø 30
Ø50
Ø 40
Ø 16
100

E4/5

Ejercicio 56

Dibuja en *espacio modelo* la vista de la izquierda, que tiene dimensiones 80x45 mm y dos detalles, sin acotar el dibujo. Después, configura una presentación en *espacio papel* similar a la de la derecha que contenga:

- Un cajetín de rotulación sencillo y personal
- Una ventana con el dibujo completo, a escala 1/1
- Una ventana con uno de los detalles, a una escala de ampliación (indicando la escala utilizada en la ventana)
- Una ventana con el otro detalle, a una escala de ampliación (indicando también la escala)
- Acotar en la presentación[6].

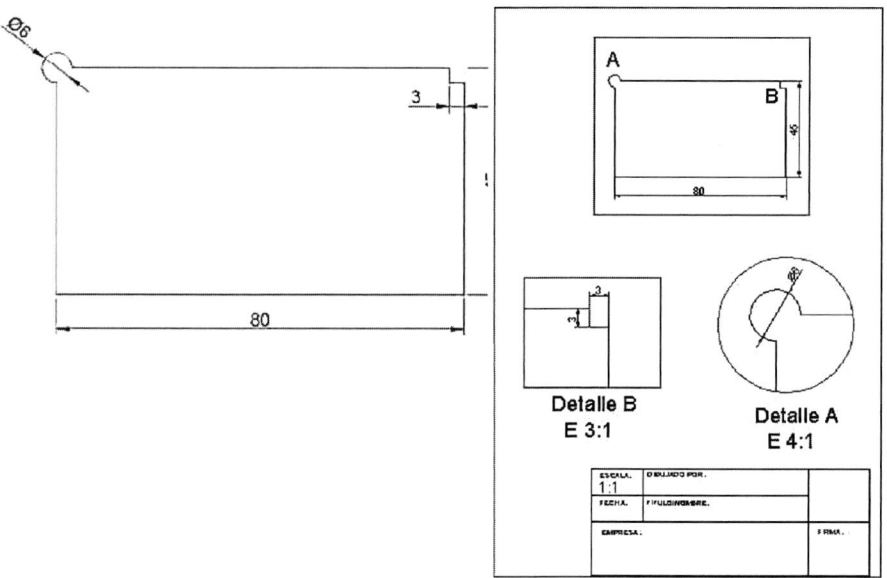

---

6   Dado que las cotas no se ven afectadas por la escala (siempre reflejan las medidas reales de los objetos), en las ventanas con el detalle a E3/1 y E4/1, es necesario modificar las cotas. Esto puede realizarse bien individualmente después de crearlas, o bien modificando el estilo de acotación antes de crearlas, dando a la variable DIMLFAC (modificando en la definición del estilo de cota el *Factor de escala* de la pestaña *Unidades principales*) un valor 1/3.

Ejercicio 57

Dibuja en *espacio modelo* el modelo de la figura (mesa y sillas). Después, configura una presentación en *espacio papel* similar a la proporcionada en tamaño A3 que contenga:

- Una ventana con el dibujo completo a E1/20
- Una ventana con un detalle a E1/10
- Acotación
- Textos y anotaciones
- Cajetín
- Marco rectangular (márgenes 5 mm; 25 mm izquierda)

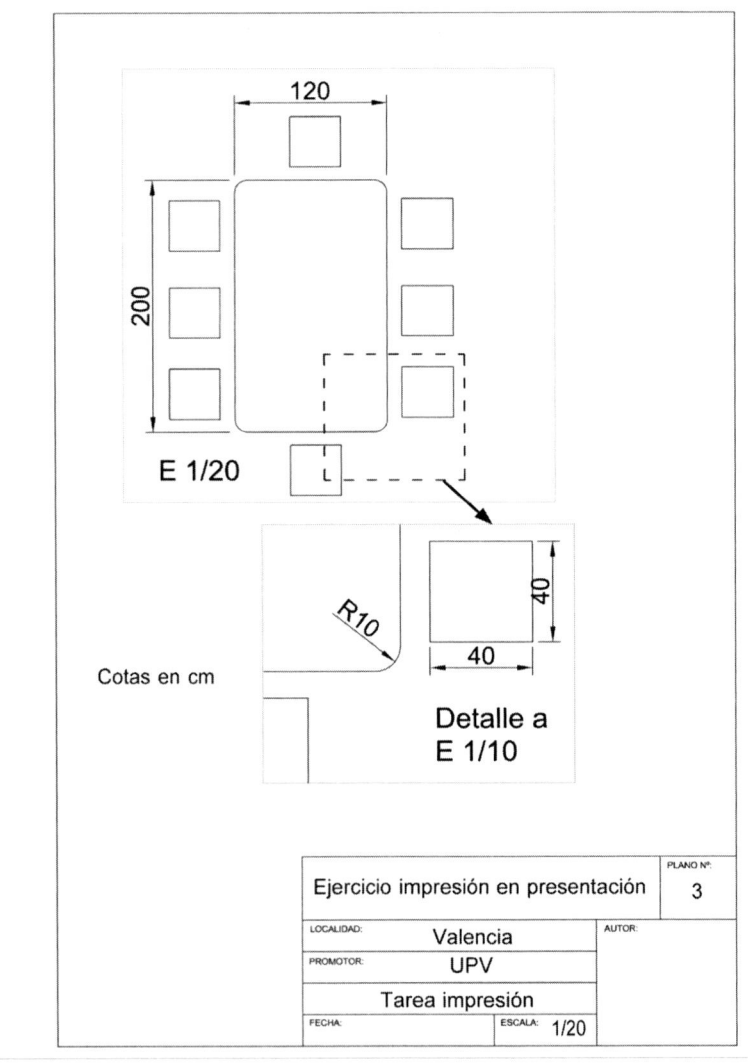

Ejercicio 58

Dibuja a E5/4 el mínimo número de vistas necesarias con los cortes necesarios para definir la pieza dada en perspectiva isométrica y acota de manera normalizada. La pieza presenta un plano principal de simetría. Todos los agujeros de la figura son pasantes. Dibuja la solución en DIN A4 con cajetín normalizado.

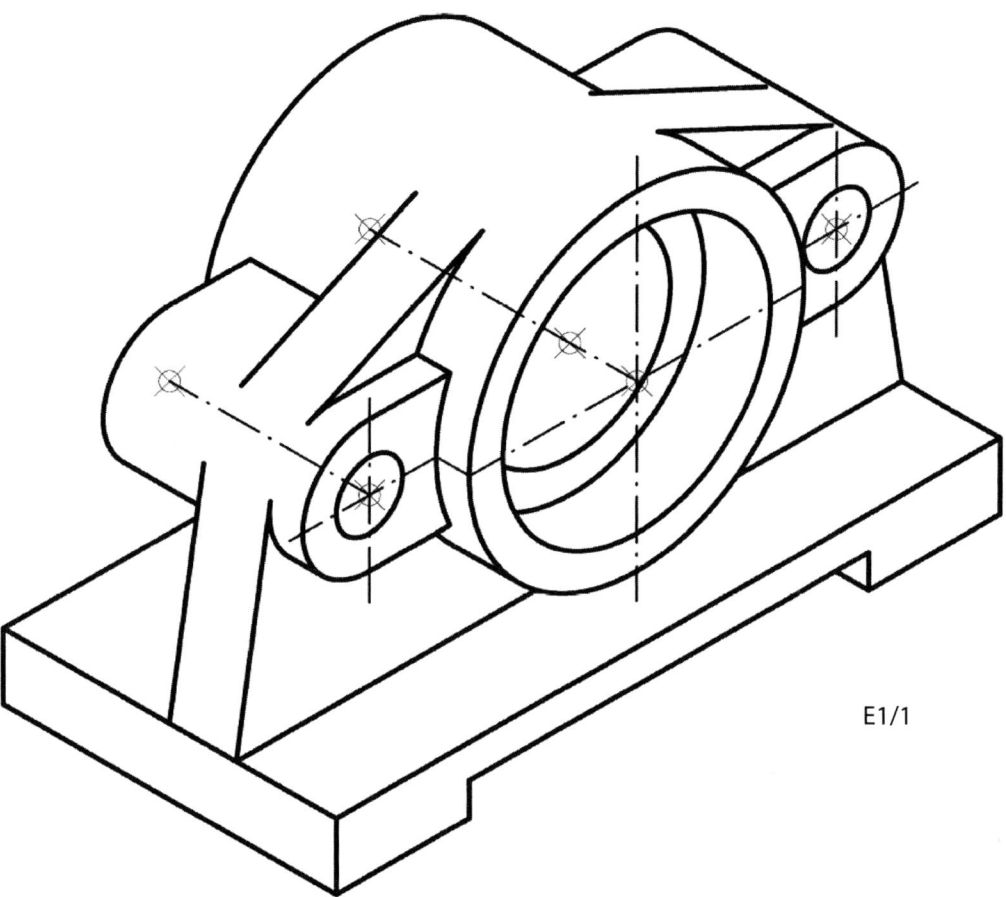

E1/1

Ejercicio 59

Dibuja a E3/5 el mínimo número de vistas necesarias con los cortes necesarios para definir la pieza dada en perspectiva isométrica y acota de manera normalizada. La pieza presenta un plano principal de simetría. Todos los agujeros de la figura son pasantes. Dibuja la solución en DIN A4 con cajetín normalizado.

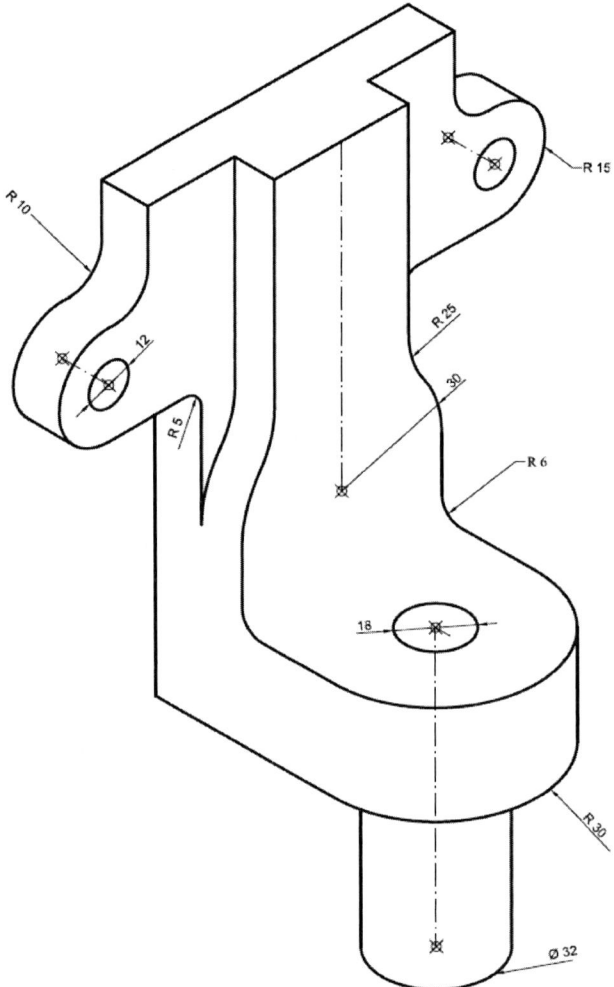

E1/2

Ejercicio 60

Dibuja a E1/2 el mínimo número de vistas necesarias con los cortes necesarios para definir la pieza dada en perspectiva isométrica y acota de manera normalizada. La pieza presenta un plano principal de simetría. Todos los agujeros de la figura son pasantes. Dibuja la solución en DIN A4 con cajetín normalizado.

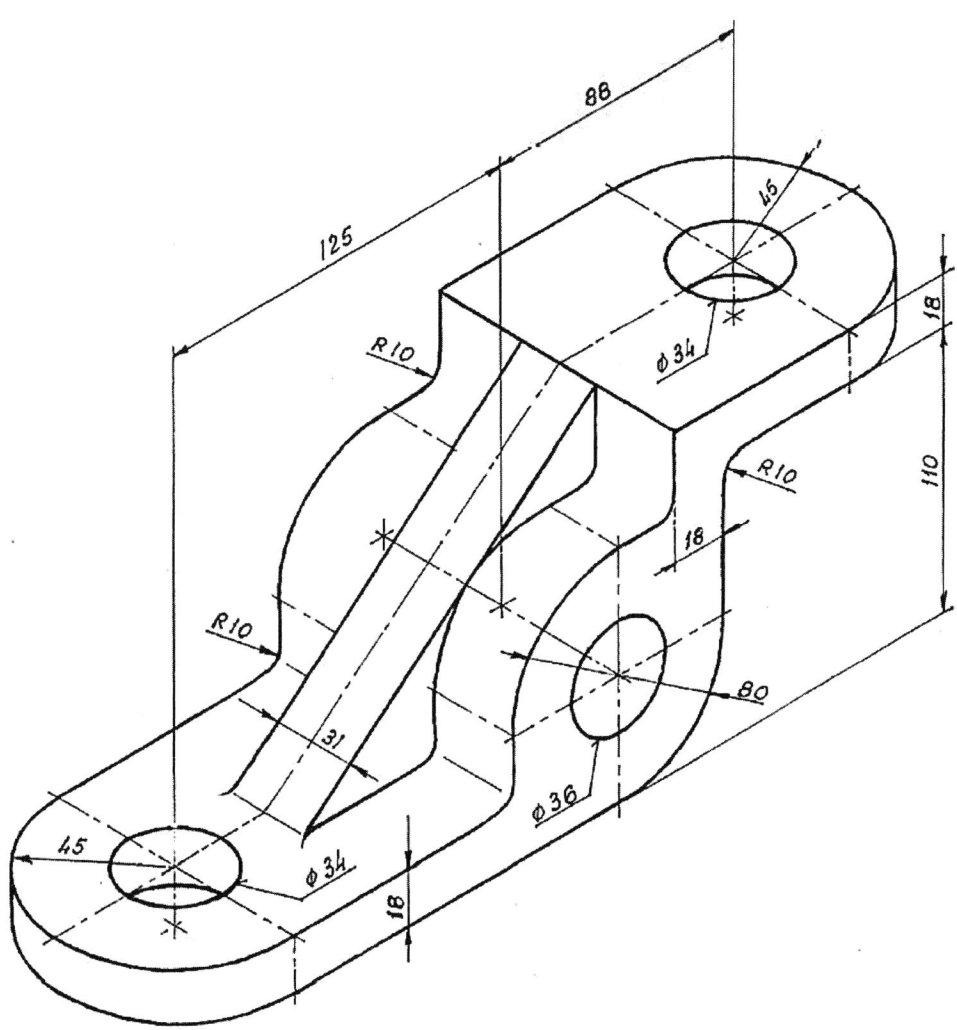

Ejercicio 61

Dibuja a E1/4 el mínimo número de vistas necesarias con los cortes necesarios para definir la pieza dada en perspectiva isométrica y acota de manera normalizada. La pieza presenta un plano principal de simetría. Todos los agujeros de la figura son pasantes. Dibuja la solución en DIN A4 con cajetín normalizado.

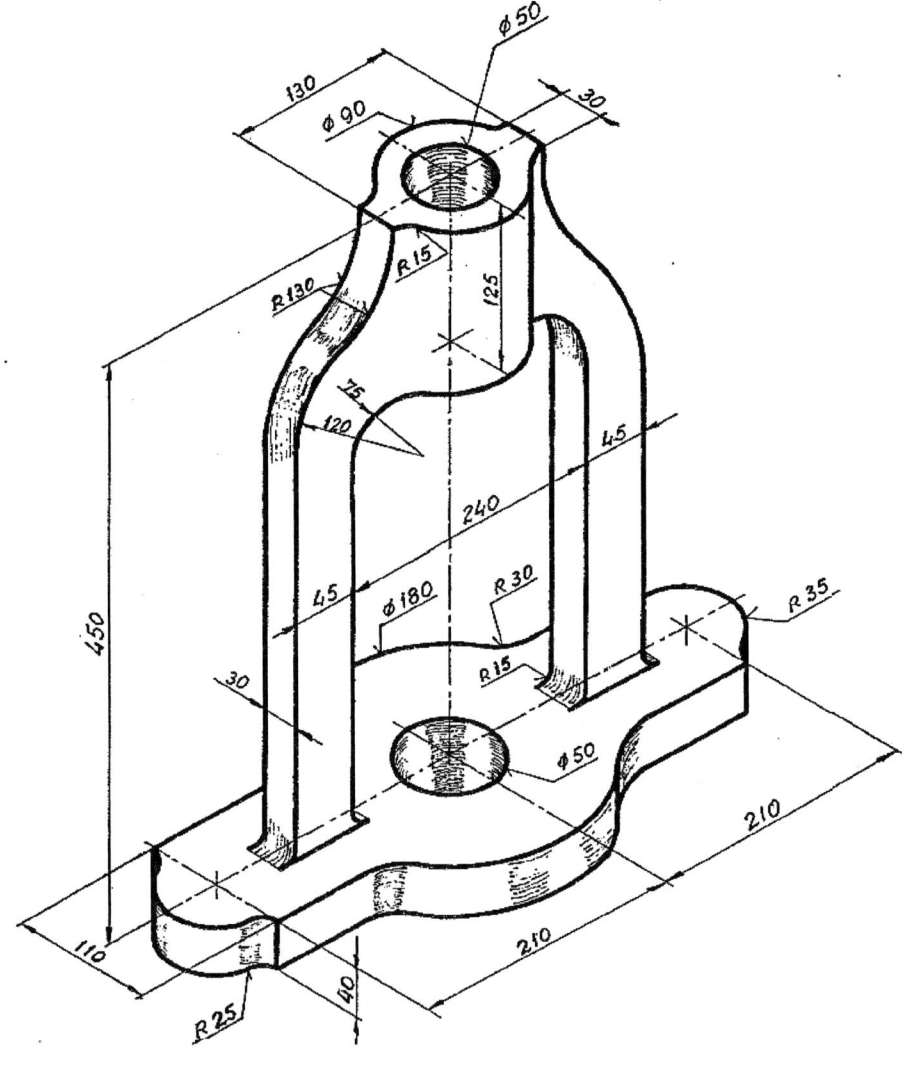

3
Ejercicios de creación y edición de objetos tridimensionales

Ejercicio 62

Modela la pieza dada en perspectiva isométrica. La pieza consta de una caja cúbica de 100 mm de lado, y tres elementos dibujados en cada cara[7]. El círculo tiene radio 40 mm. Los polígonos están inscritos en un círculo de radio 40 mm, y tienen una altura de 15 mm. Para poder dibujar un elemento en una cara del cubo, hay que tener el sistema de coordenadas paralelo a dicha cara.

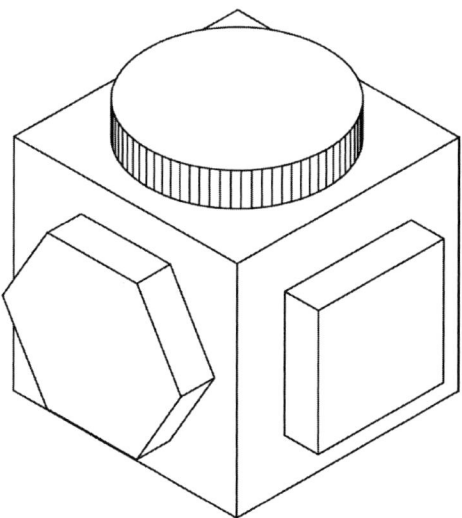

---

[7] Para poder dibujar un elemento en una cara del cubo, hay que tener el sistema de coordenadas paralelo a dicha cara.

Ejercicio 63

Modela la pieza dada en perspectiva isométrica. La pieza consta de una caja cúbica de 100 mm de lado, y dos cuñas adosadas de 50 mm de longitud, 100 mm de anchura y 100 mm de altura[8]. El círculo tiene radio 40 mm y los polígonos están inscritos en un círculo de radio 40 mm, y tienen una altura de 15 mm.

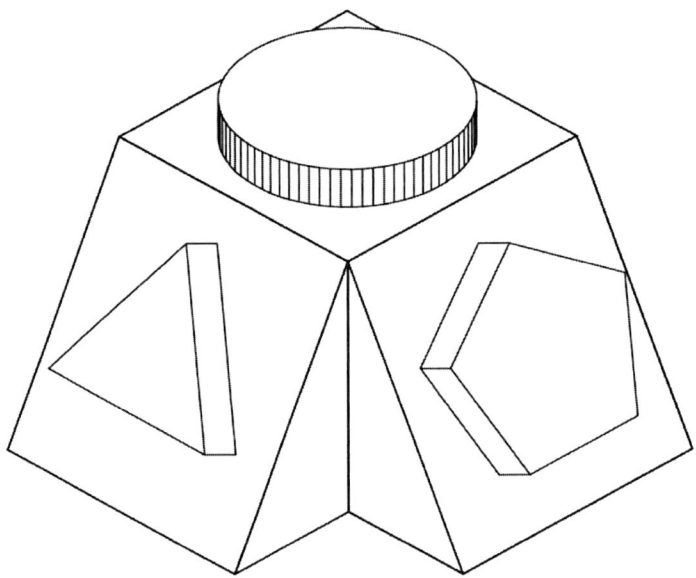

---

[8] Para poder dibujar un elemento en una cara del cubo, hay que girar el SCP y situarlo paralelo a dicha cara.

Ejercicio 64

Modela la pieza dada en perspectiva isométrica con la información proporcionada en sus vistas. Los ángulos de extrusión de la parte superior son de 20º.

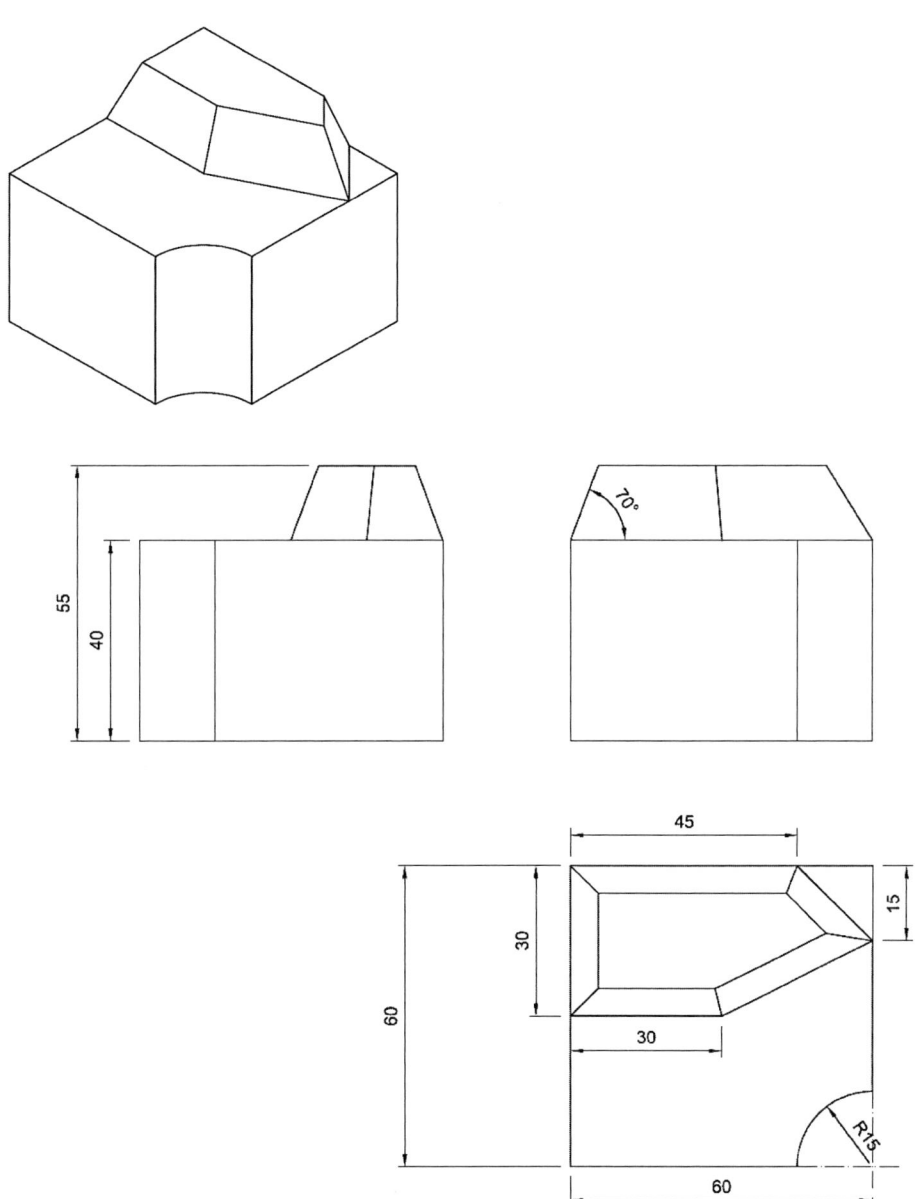

Ejercicio 65

Dibuja la escena dada en perspectiva isométrica, creando una silla con las medidas proporcionadas en sus vistas, y haciendo copias de la misma para distribuirlas alrededor de una mesa (de medidas libres).[9]

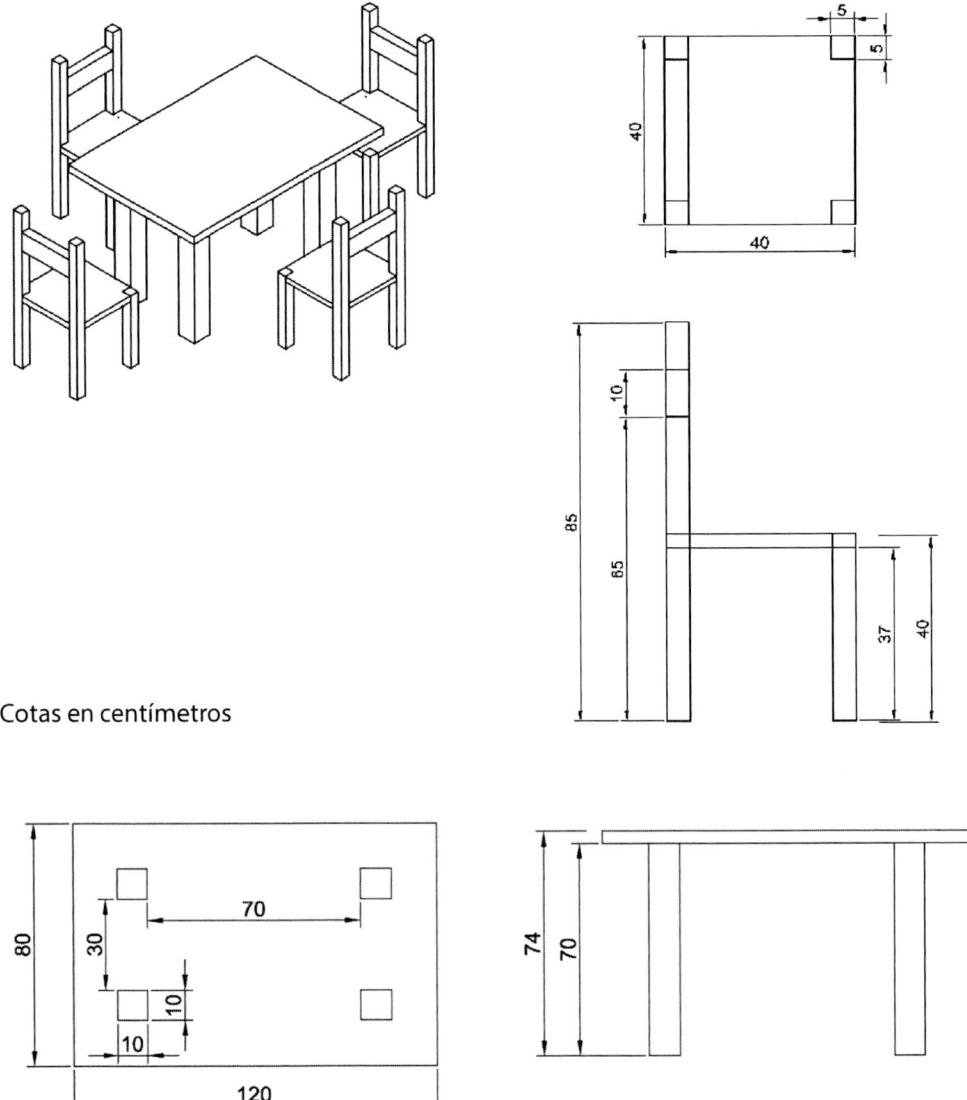

Cotas en centímetros

---

[9] Copia utilizando los comandos *Copia* (COPIA), *Simetría 3D* (SIMETRIA3D) y *Giro 3D* (GIRA3D)

Ejercicio 66

Dibuja la pieza dada en perspectiva isométrica, con las medidas proporcionadas en sus vistas, a base de sólidos y combinaciones entre ellos.[10]

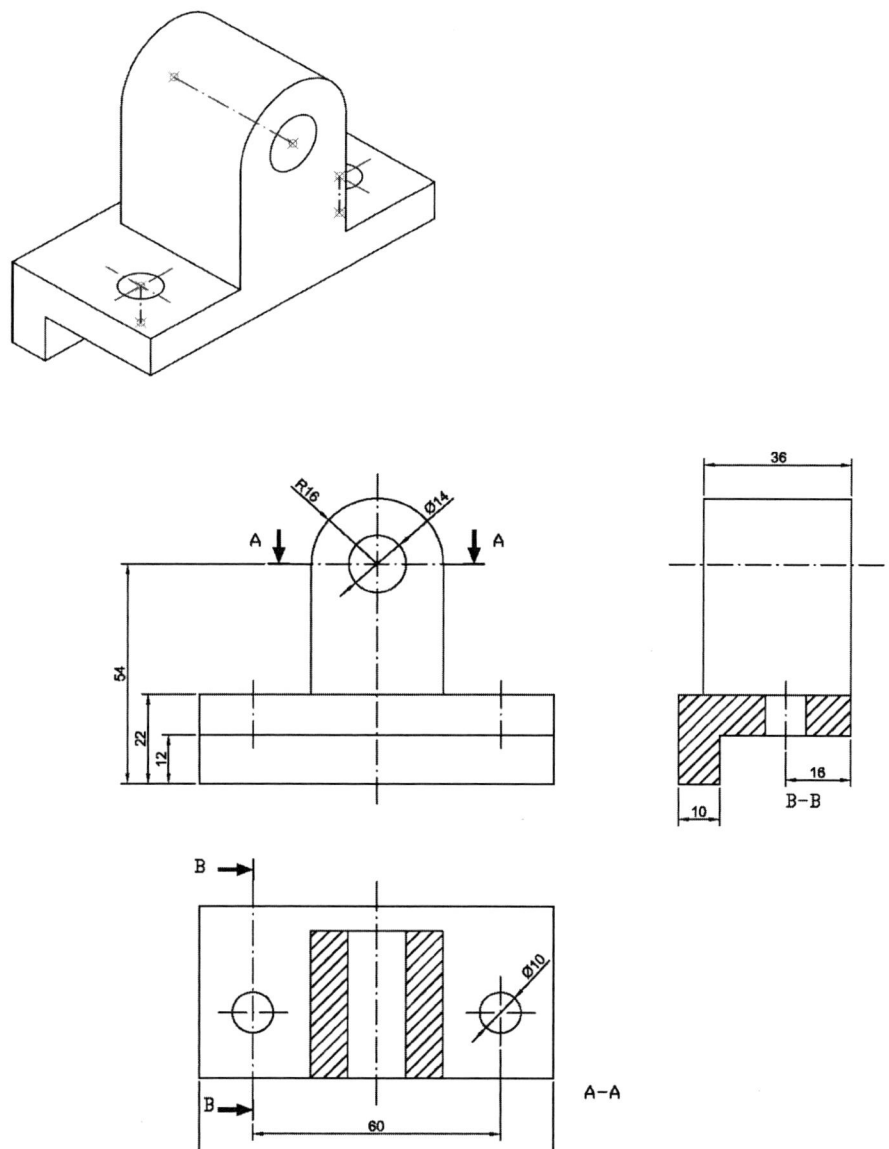

---

[10] Usa los comandos *Sólido* (SOLIDO), *Extruir caras* (EXTRUSION), *Extruir y desfasar* (PRESIONARTIRAR), *Unión* (UNION) y *Diferencia* (DIFERENCIA).

Ejercicio 67

Dibuja la pieza dada en perspectiva isométrica, con las medidas proporcionadas en sus vistas, a base de sólidos y combinaciones entre ellos.

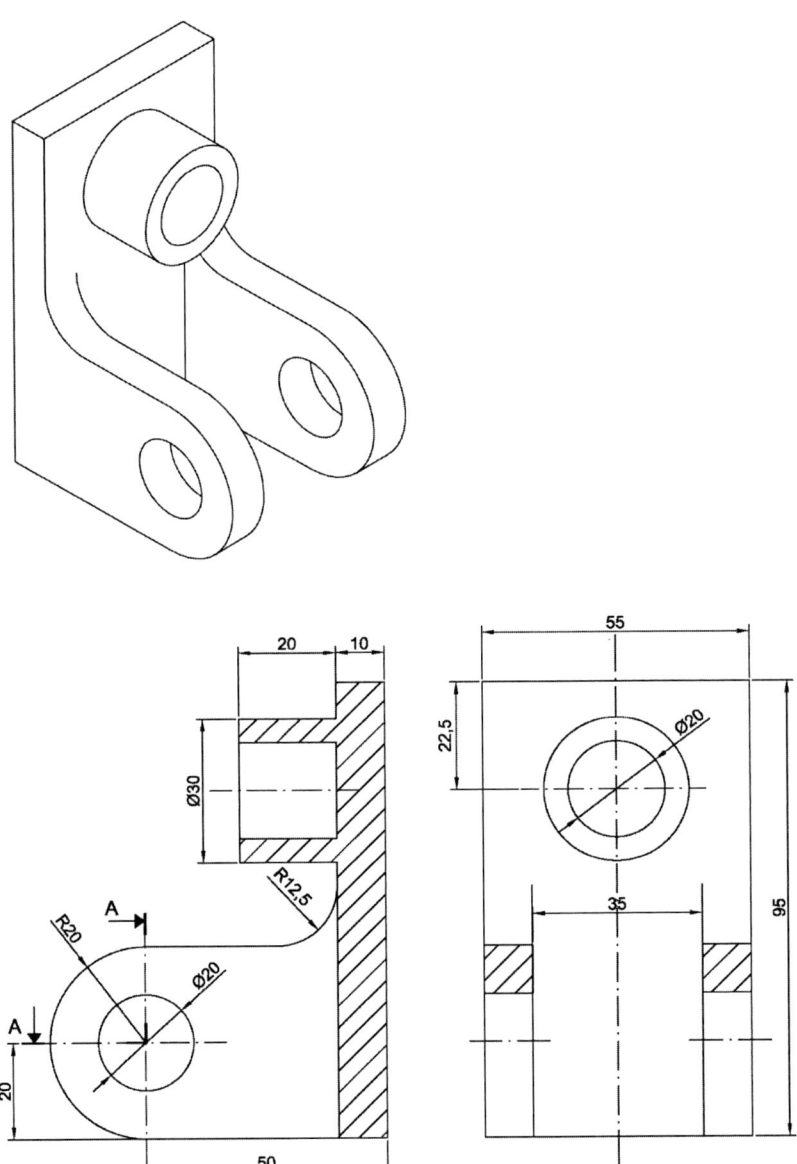

Ejercicio 68

Dibuja la pieza dada en perspectiva isométrica, con las medidas proporcionadas en sus vistas, mediante *regiones* y *extrusión*. La punta de la base troncocónica de la plataforma está situada en el centro de gravedad de la pieza superior. Los agujeros grandes están inscritos en circunferencias de radio 15.

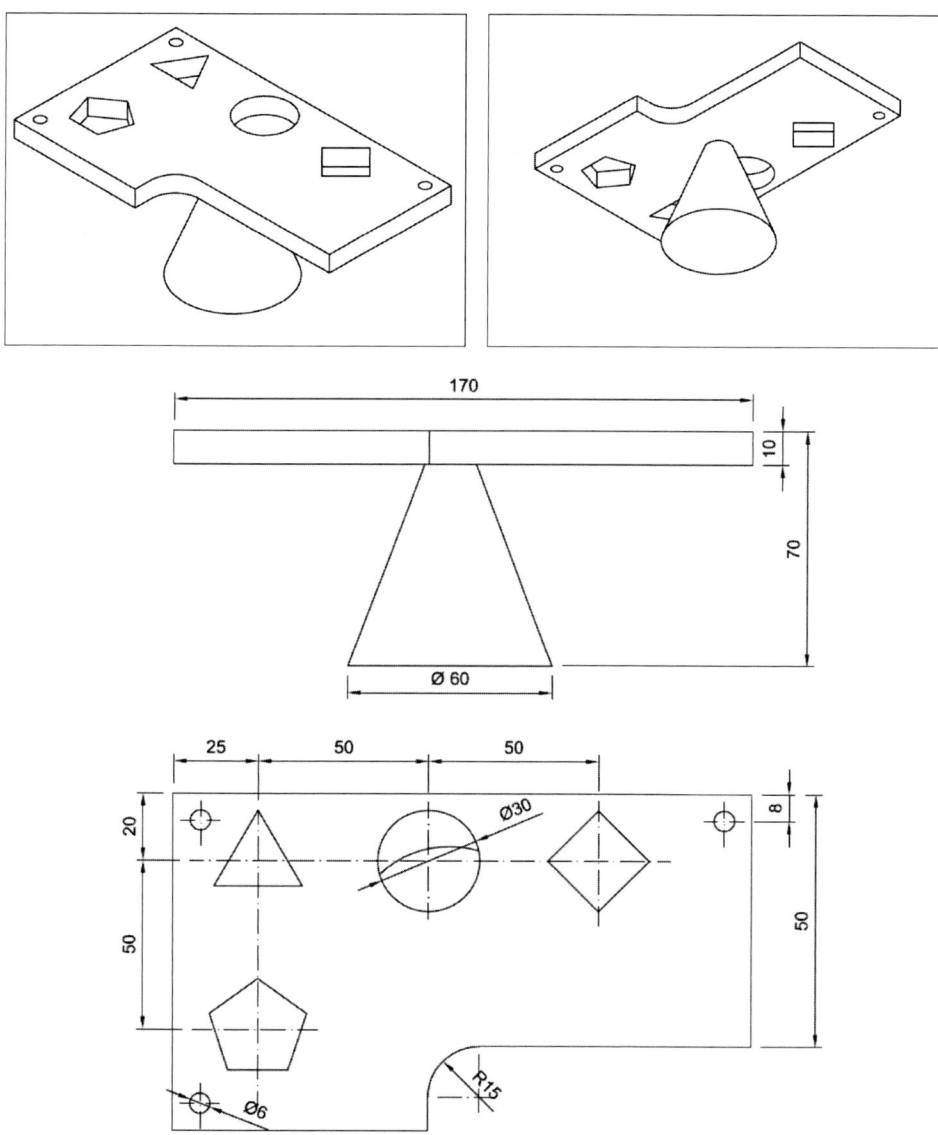

Ejercicio 69

Dibuja la pieza dada en perspectiva isométrica, con las medidas proporcionadas en sus vistas, mediante *sólidos* y/o *regiones*, y combinaciones entre ellos.

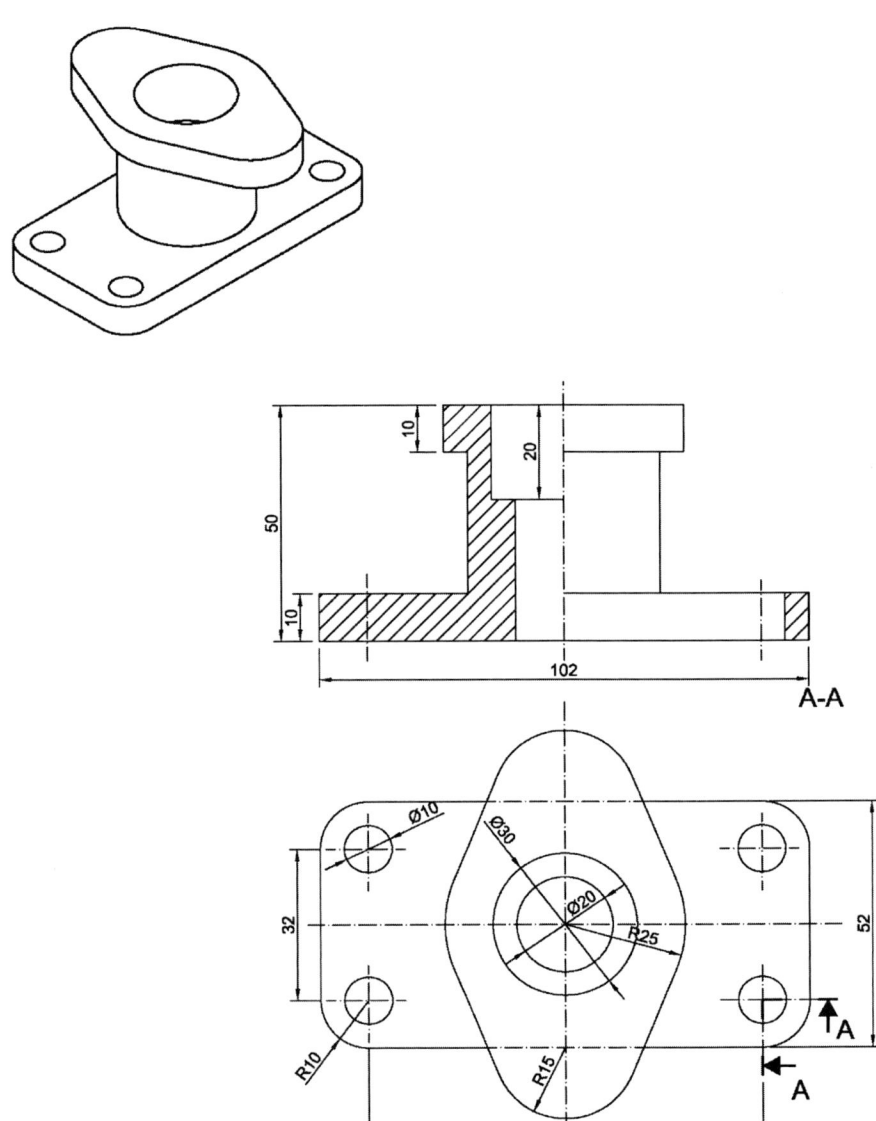

4
Soluciones

Ejercicios de aprendizaje de la herramienta de diseño

Ejercicio 1

Punto 1	Un punto cualquiera	Punto 5	@30,20
Punto 2	@50,0	Punto 6	@0,-40
Punto 3	@0,-20	Punto 7	@-60,0
Punto 4	@20,0		

Ejercicio 2

Punto 1	Un punto cualquiera	Punto 5	@40<30
Punto 2	@30<-90	Punto 6	@25<0
Punto 3	@28<-45	Punto 7	@20<90
Punto 4	@20<0	Punto 8	@60<150

Ejercicios de representación normalizada y acotación

Importante: El tamaño de las vistas proporcionadas como solución a los ejercicios de esta sección no se corresponde con el tamaño indicado en los enunciados.

Ejercicio 20

Modelo	Alzado	Planta	Perfil
1	7	3	6
2	4	6	4
3	8	1	10
4	2	8	8
5	3	9	5
6	10	7	9
7	1	10	3
8	6	2	1
9	9	4	2
10	5	5	7

Ejercicio 21

Modelo	Alzado	Planta	Perfil
1	8	4	4
2	3	10	2
3	2	9	9
4	7	2	3
5	6	5	6
6	9	8	7
7	1	3	1
8	10	6	8
9	4	1	10
10	5	7	5

Ejercicio 22

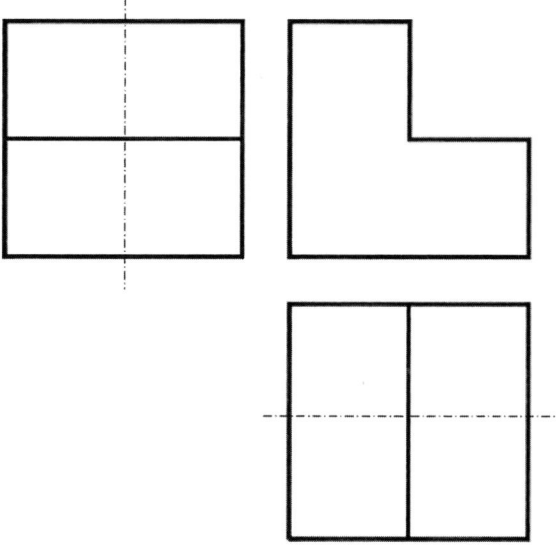

Ejercicio 23

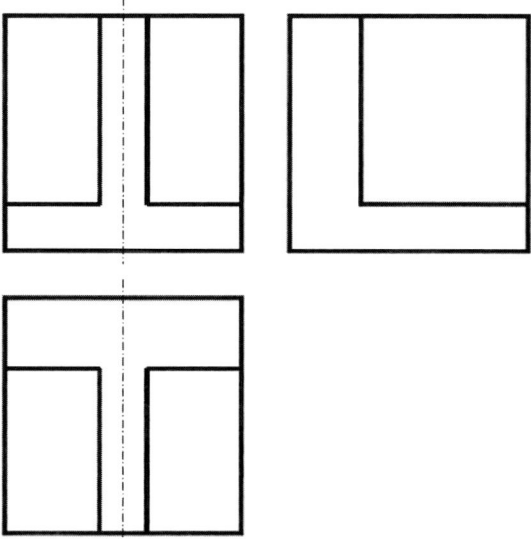

Ejercicio 24

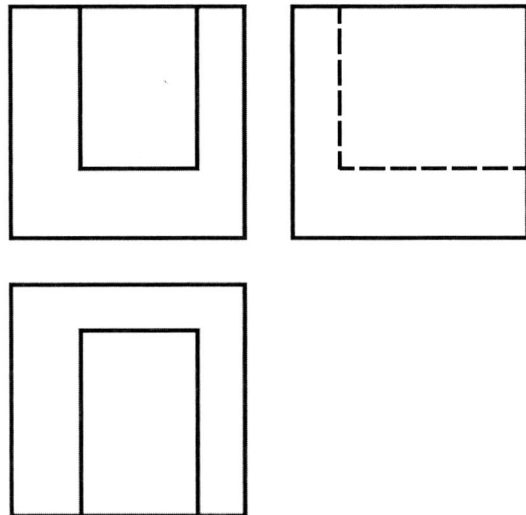

Ejercicio 25

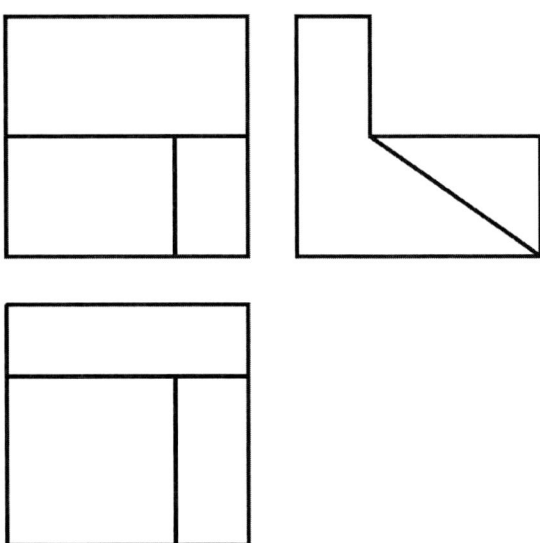

Ejercicio 26

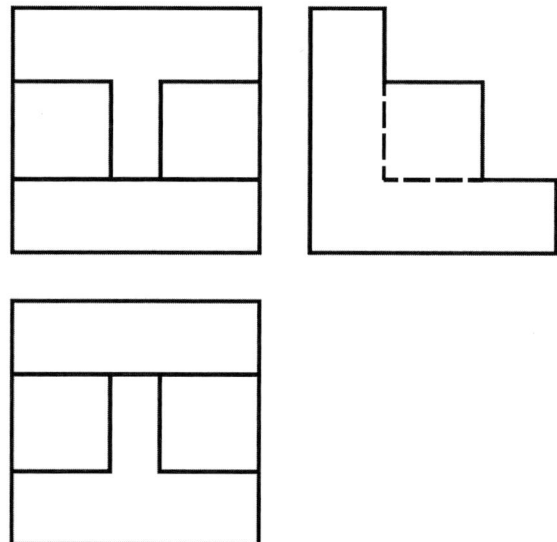

Ejercicio 27

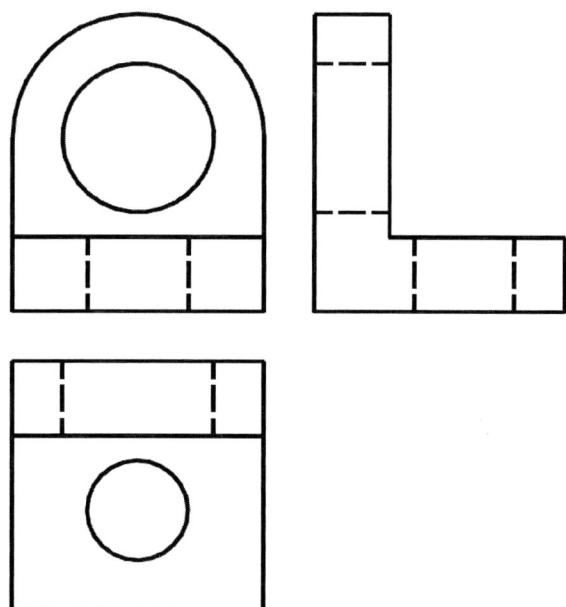

Ejercicio 28

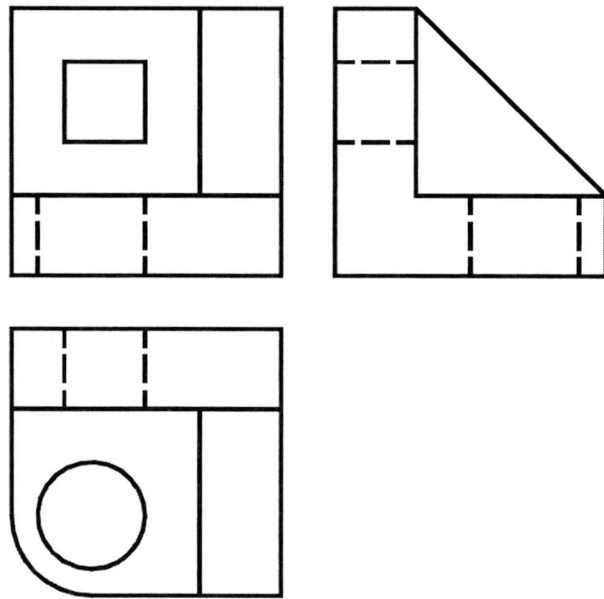

Ejercicio 29

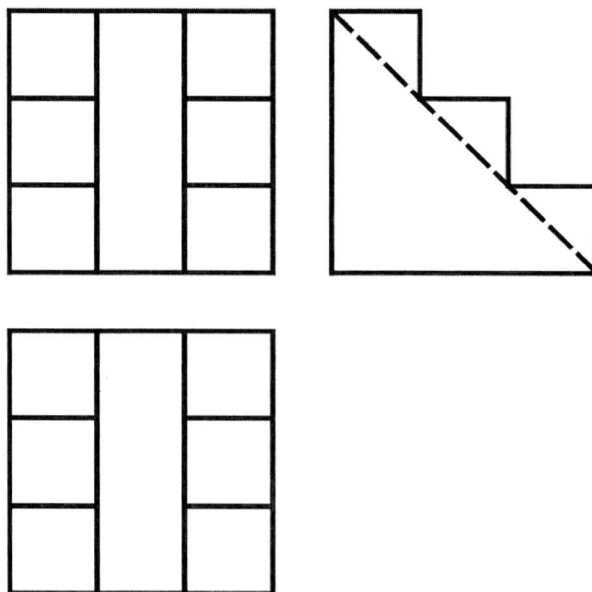

Ejercicio 30

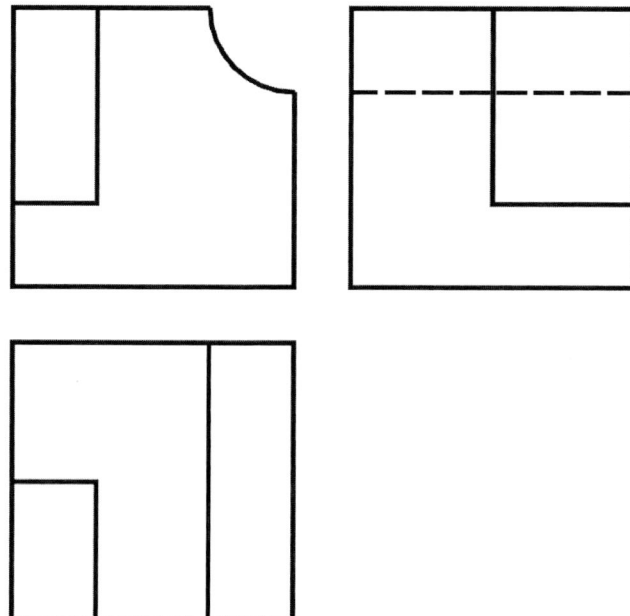

Ejercicio 31

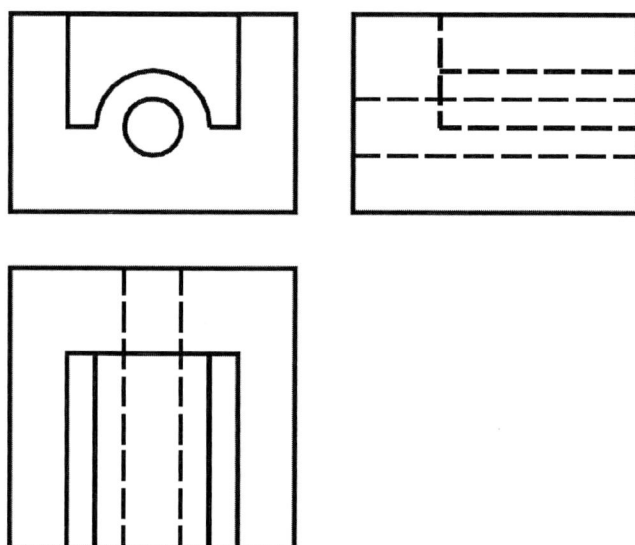

Ejercicio 32

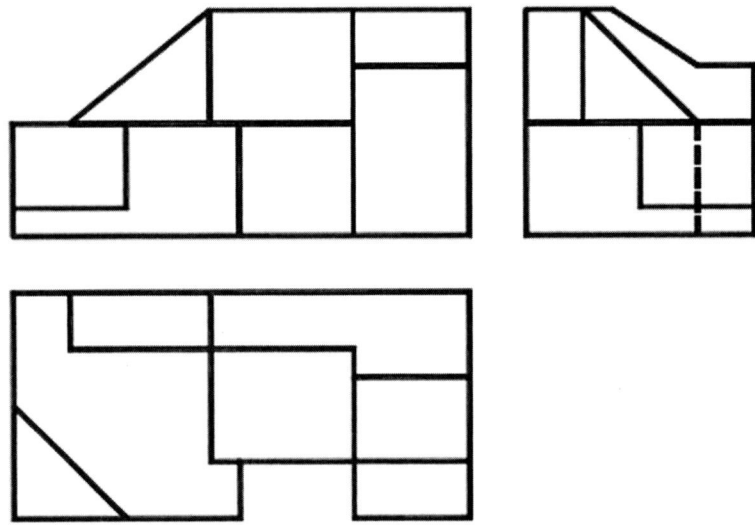

Ejercicio 33

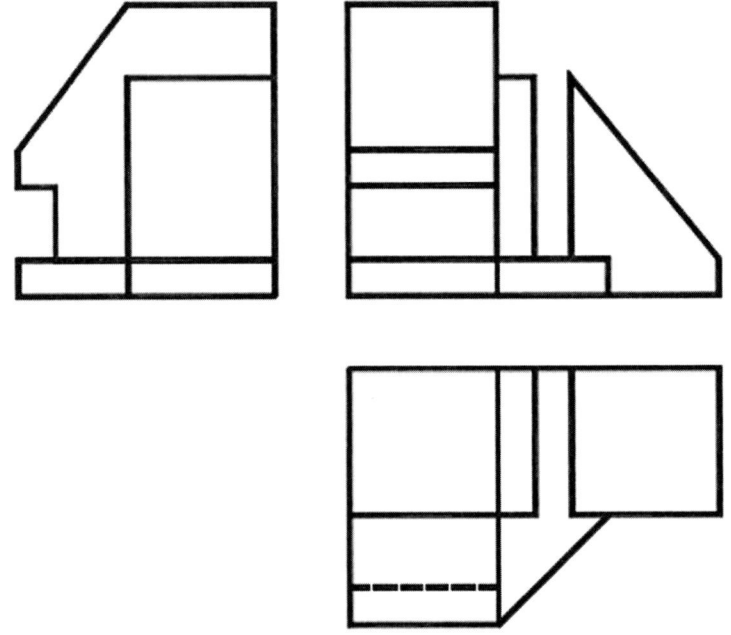

Ejercicio 34

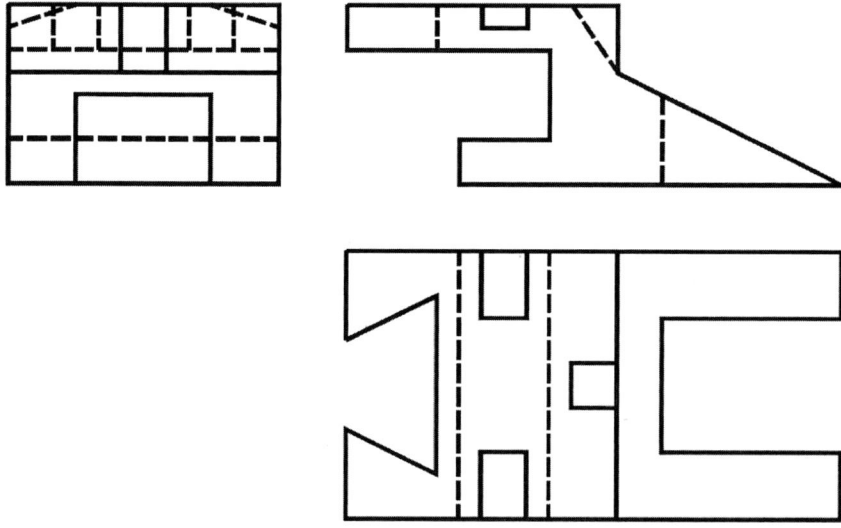

Ejercicio 35

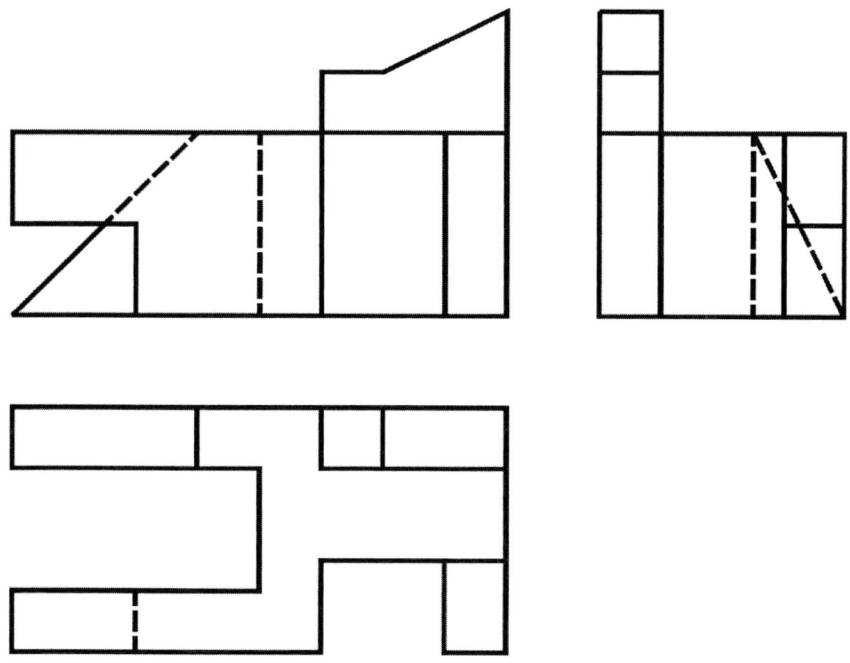

Ejercicio 36

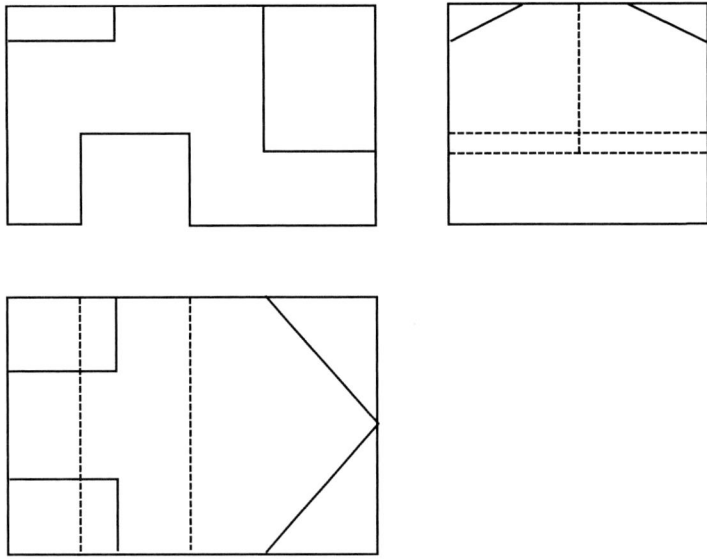

Ejercicio 37

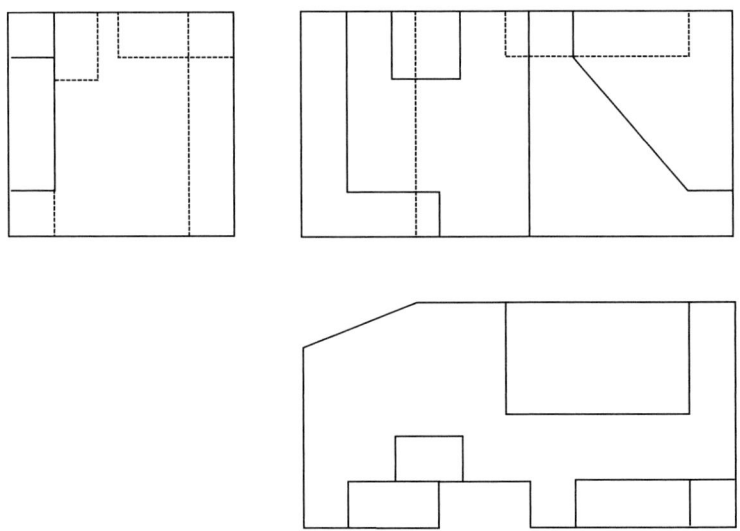

Ejercicio 38

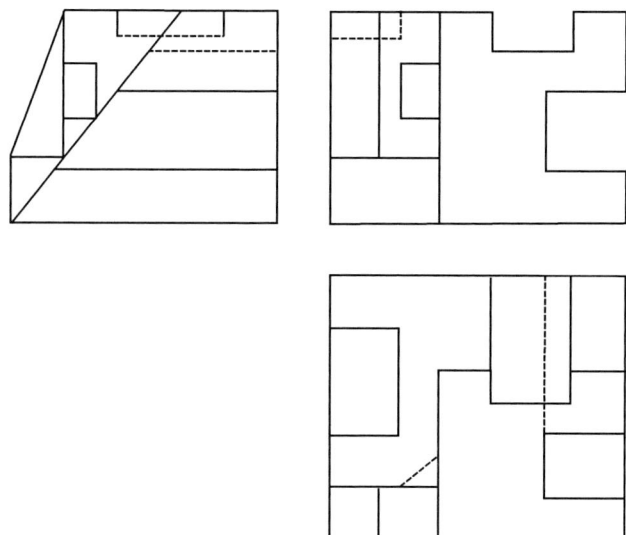

Ejercicio 39

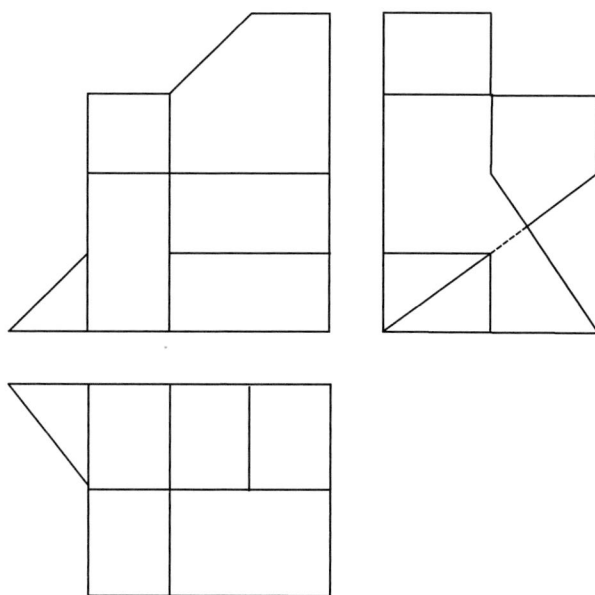

Ejercicio 40

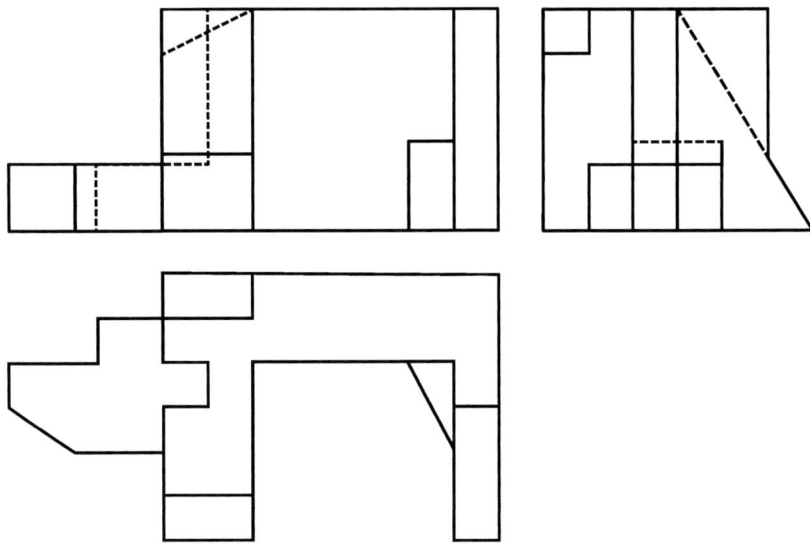

Ejercicio 41

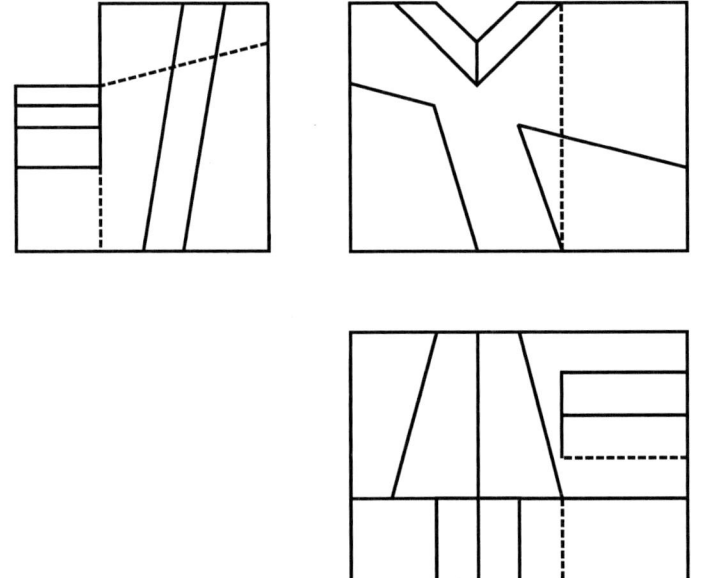

Ejercicio 42

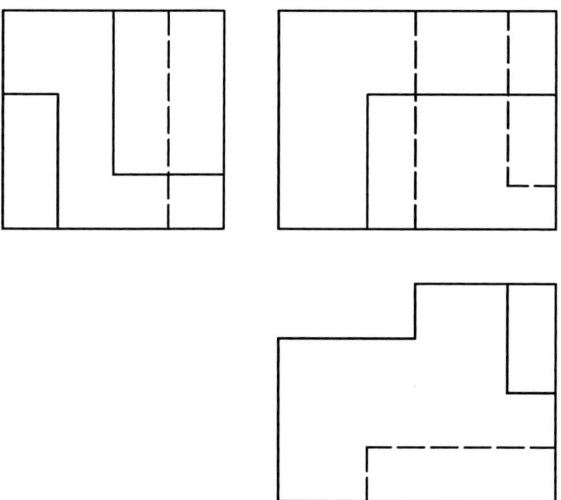

Ejercicio 43

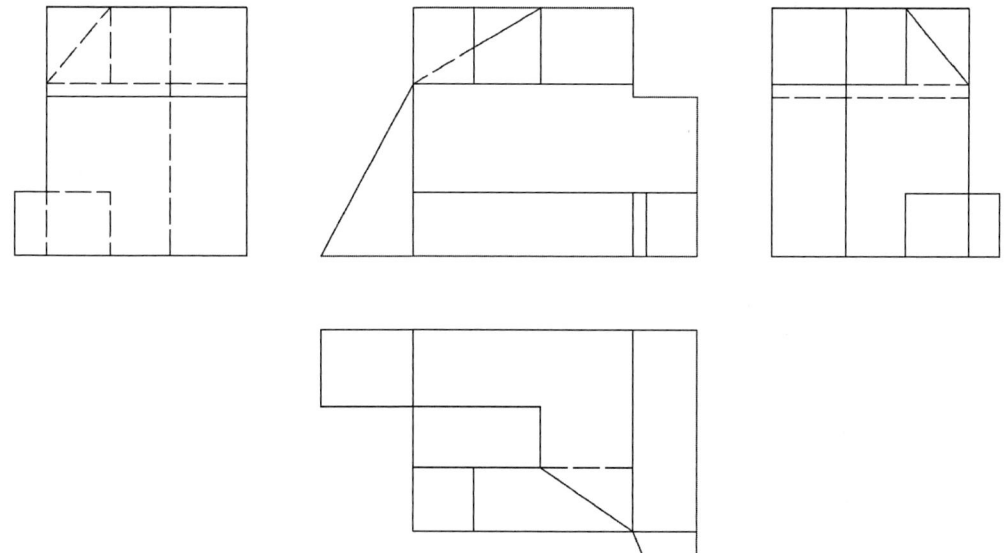

Ejercicio 44

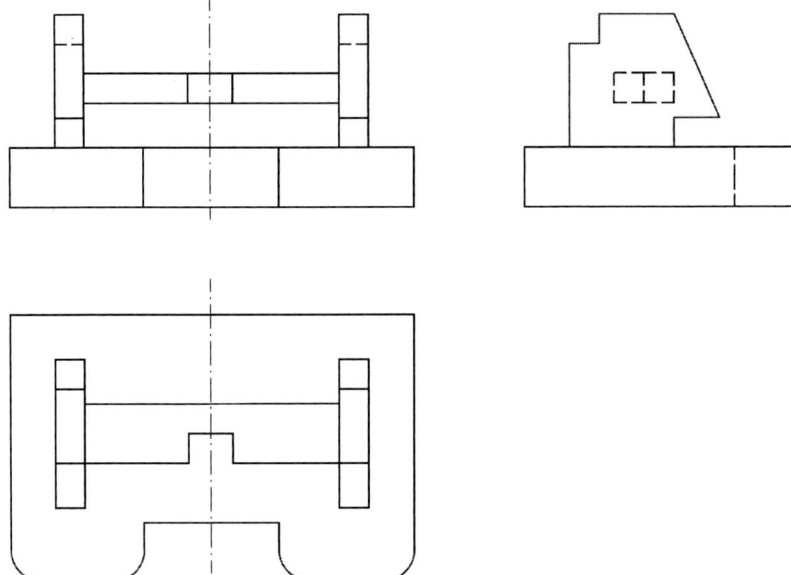

Ejercicio 45

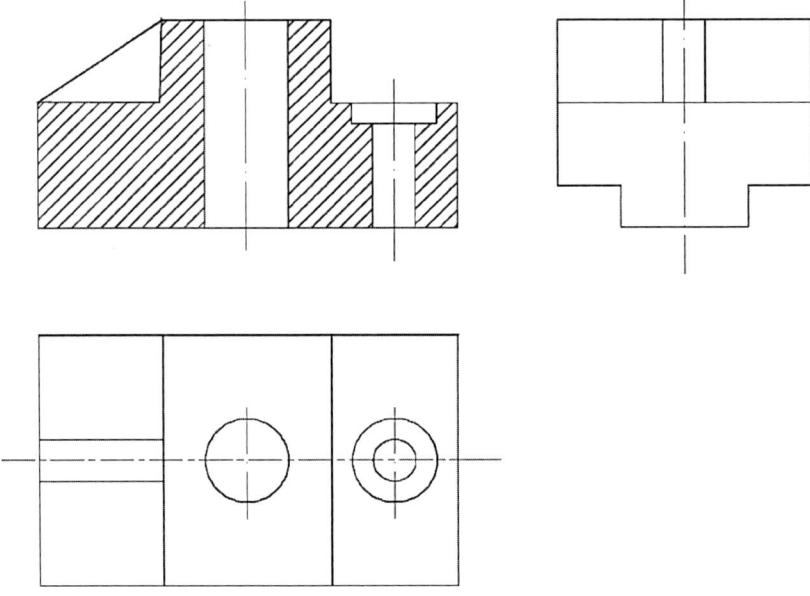

Ejercicio 46

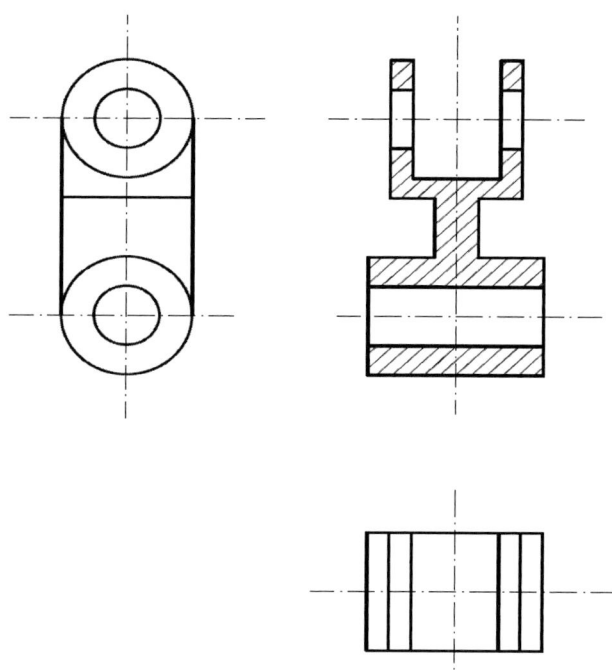

Ejercicio 47

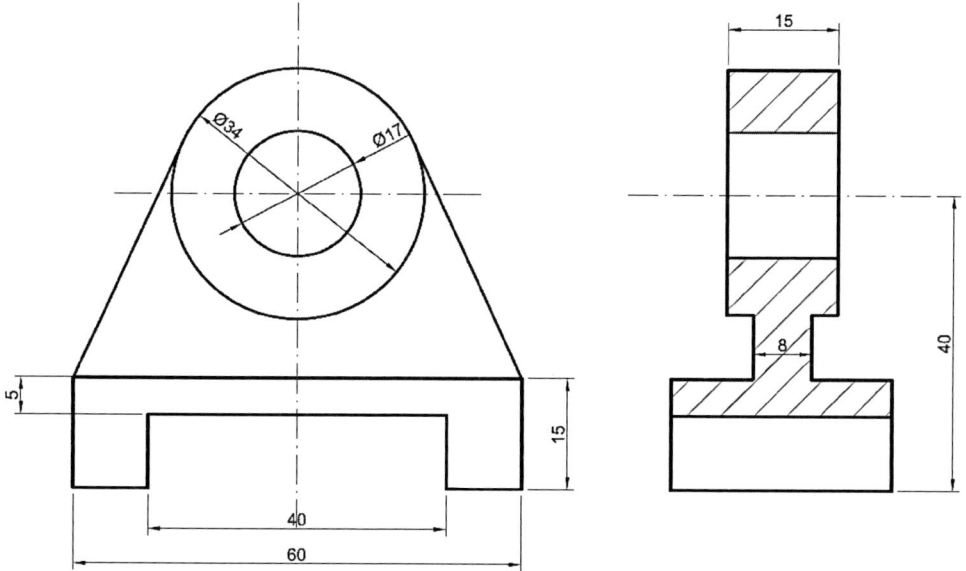

Ejercicio 48

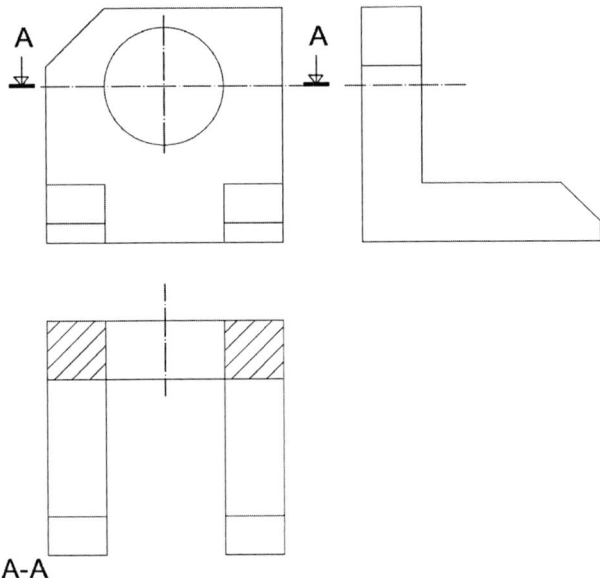

A-A

Ejercicio 49

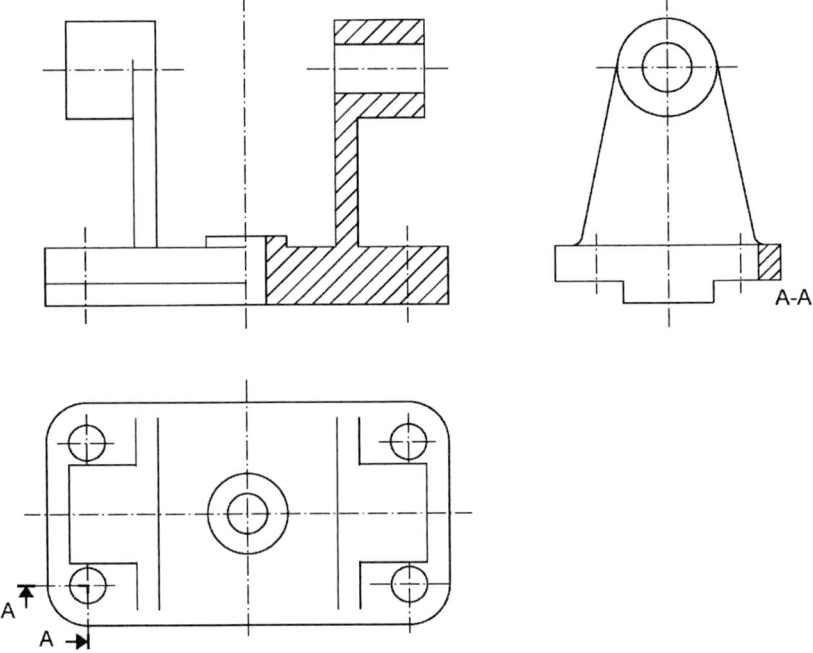

A-A

Ejercicio 50

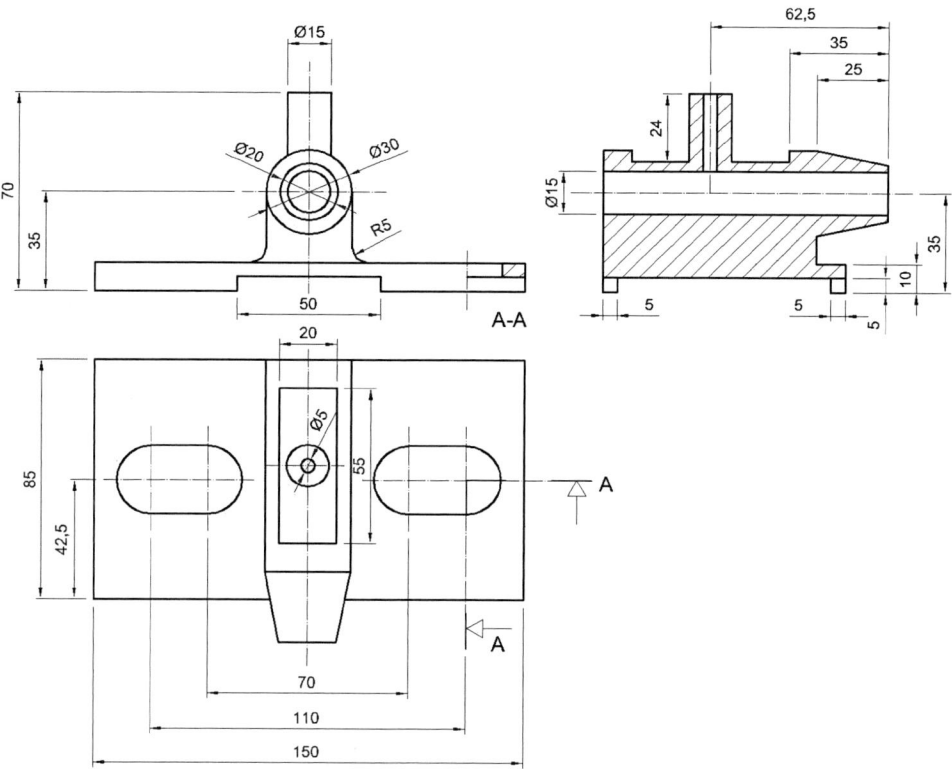

Ejercicio 51

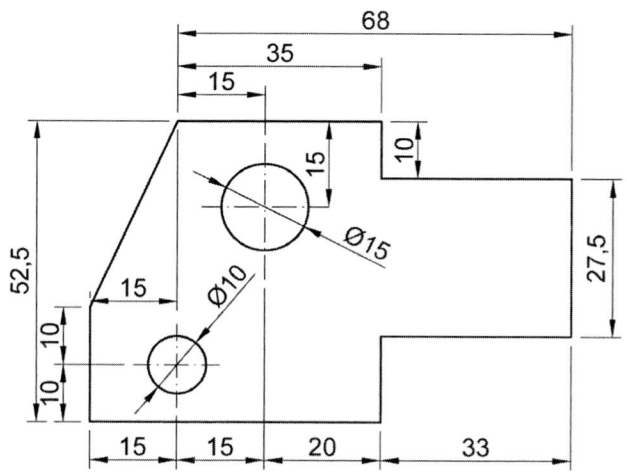

Ejercicio 52

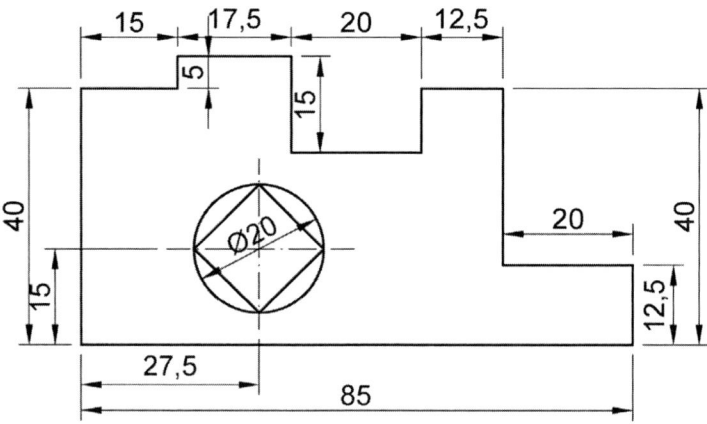

Ejercicio 53

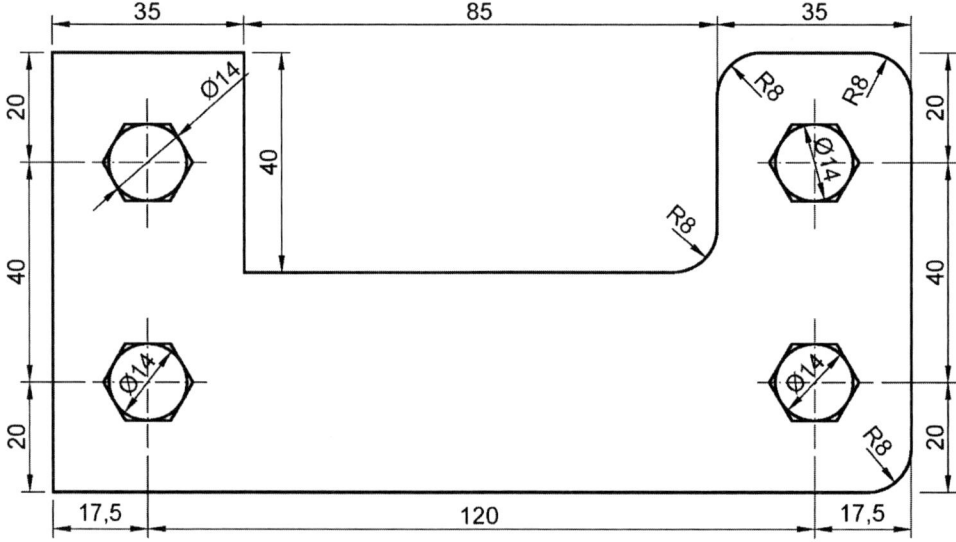

Ejercicio 54

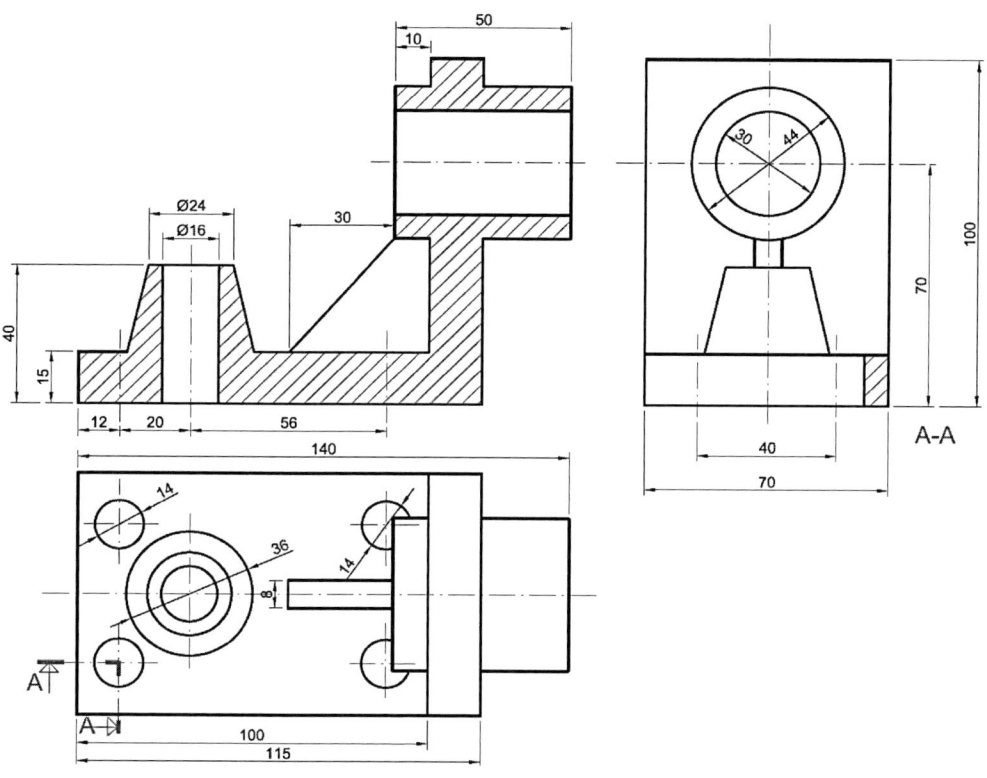

Ejercicio 55

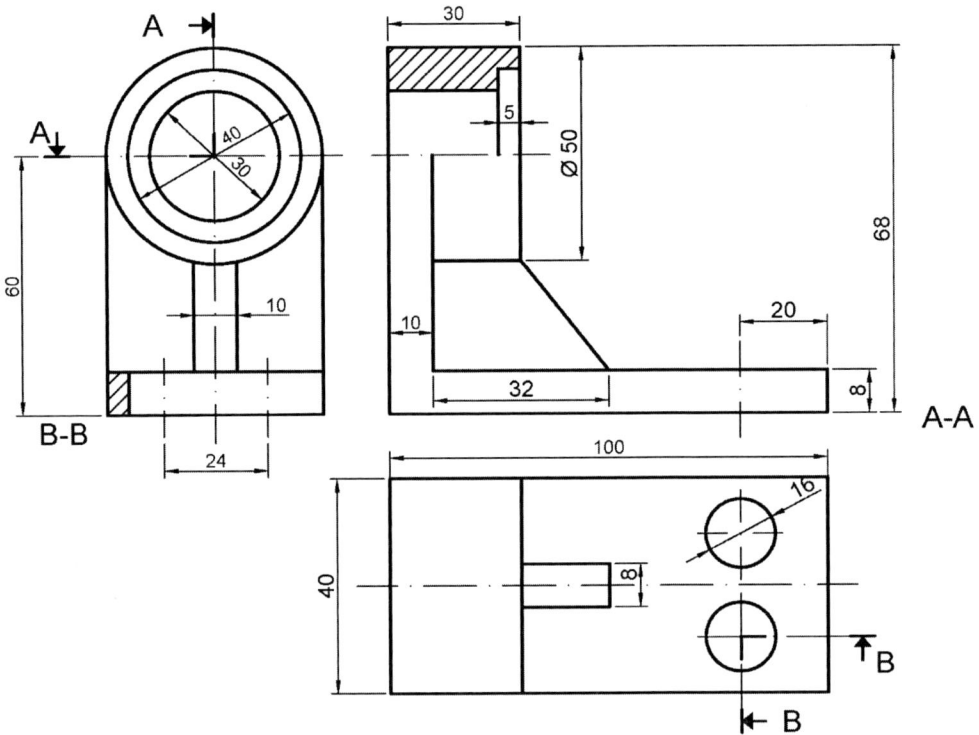

Ejercicio 58

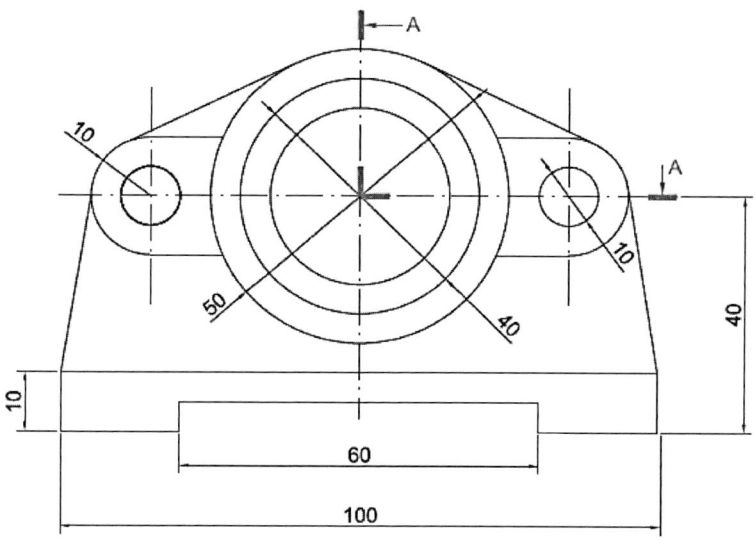

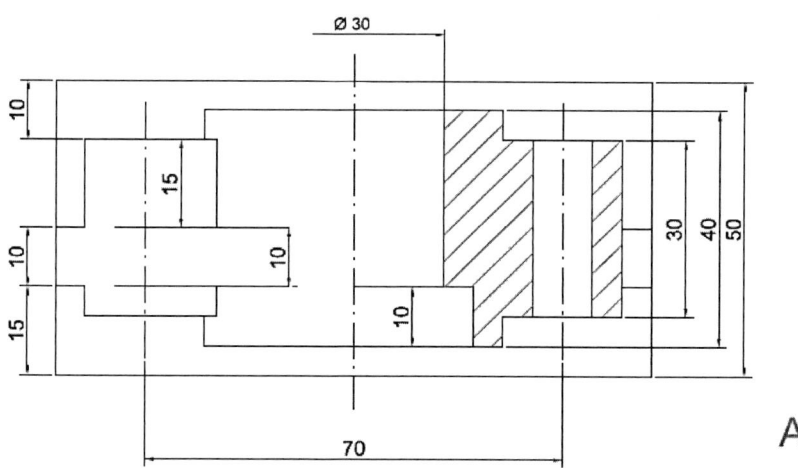

A-A

Ejercicio 59

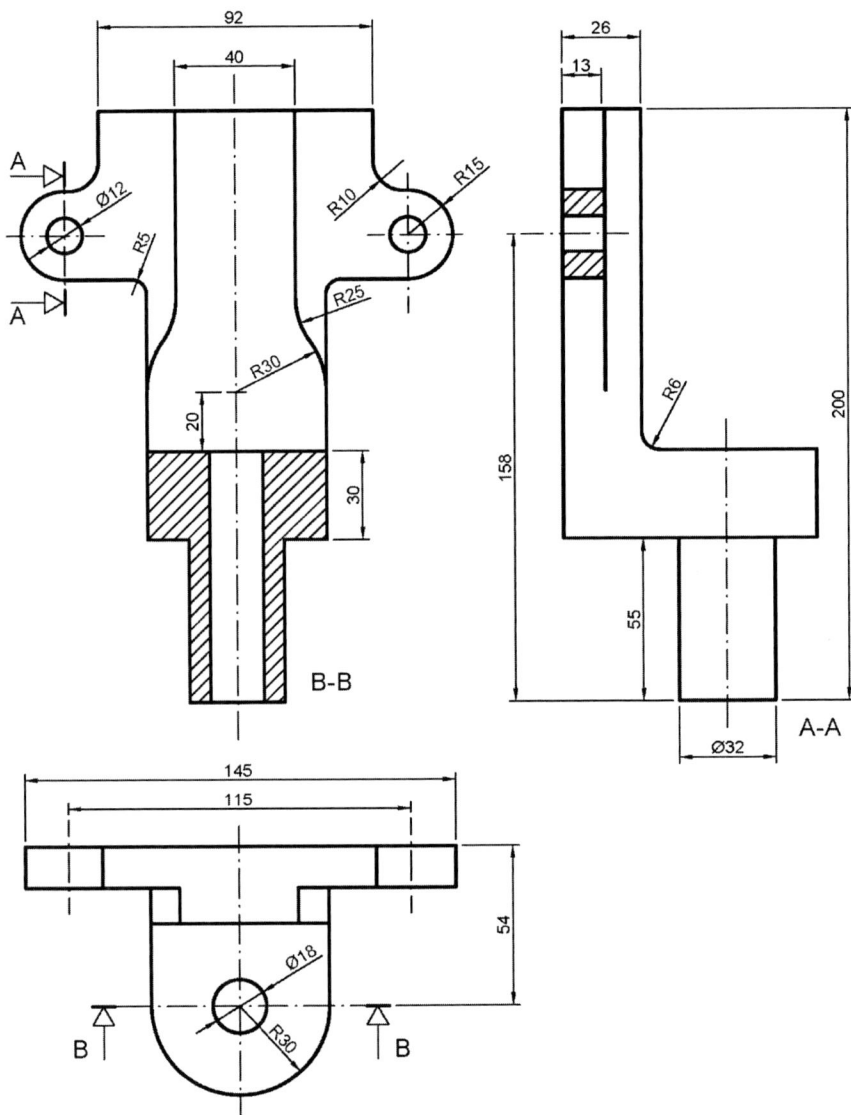

Ejercicio 60

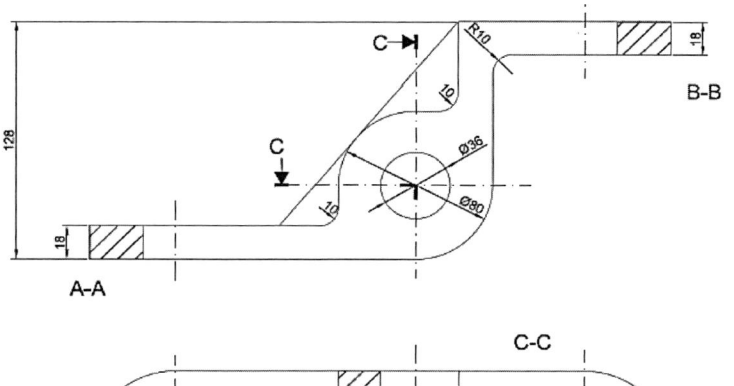

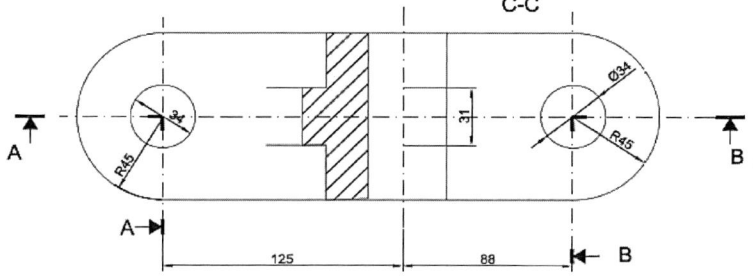

Ejercicio 61

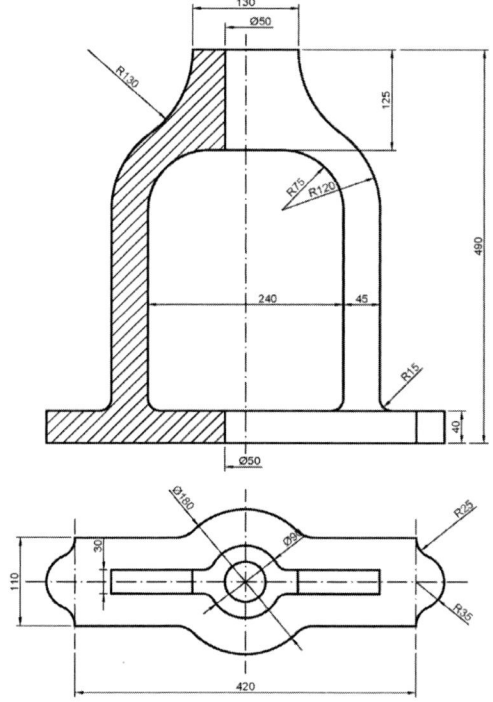

Bibliografía complementaria

Barbero, B., Maté, E. (2020). *Dibujo técnico* (3ª edición). AENOR ediciones. ISBN: 978-84-81439-18-2

Camba, J.D., Otey, J., Contero, M., Alcañiz, M. (2012). *Visualization and engineering design graphics with augmented reality*. SDC Publications. ISBN: 978-1-63057-269-3

Llorens, R., Martín, J., Contero, M., Alcañiz, M. (2020). *Ejercicios para el entrenamiento de las habilidades espaciales*. Editorial Universitat Politècnica de València. ISBN: 978-84-9048-523-1

Vergara, M., Gracia-Ibáñez, V., González-Lluch, C. (2016). *Diseño asistido por ordenador. Curso práctico de Autocad*. Publicacions de la Universitat Jaume I, 2016. https://doi.org/10.6035/Sapientia118